建筑工程施工图审查要点及条文
——结构专业

主编　李　刚

哈爾濱工業大學出版社

内容提要

本书根据《建筑结构荷载规范》(GB 50009—2012)、《建筑抗震设计规范》(GB 50011—2010)、《混凝土结构设计规范》(GB 50010—2010)、《钢结构设计规范》(GB 50017—201×)、《建筑地基基础设计规范》(GB 50007—2011)、《砌体结构设计规范》(GB 50003—2011)、《高层建筑混凝土结构技术规程》(JGJ 3—2010)、《建筑地基处理技术规范》(JGJ 79—2012)等相关规范和标准编写而成。本书共分为五章,包括:综合概述、建筑结构设计及审查文件、设计荷载、建筑结构施工图审查要点分析以及建筑结构施工图审查常遇问题汇总等。

本书可供刚走上工作岗位的建筑设计人员及审图人员使用,也可供大专院校建筑设计及结构专业师生阅读参考。

图书在版编目(CIP)数据

建筑工程施工图审查要点及条文:结构专业/李刚主编. —哈尔滨:哈尔滨工业大学出版社,2015.5
ISBN 978-7-5603-5167-4

Ⅰ.①建… Ⅱ.①李… Ⅲ.①建筑工程-建筑制图-高等学校—教材②建筑结构-建筑制图-高等学校-教材
Ⅳ.①TU204

中国版本图书馆 CIP 数据核字(2014)第 305852 号

策划编辑 郝庆多 段余男
责任编辑 王桂芝 段余男
封面设计 刘长友
出版发行 哈尔滨工业大学出版社
社 址 哈尔滨市南岗区复华四道街 10 号 邮编 150006
传 真 0451-86414749
网 址 http://hitpress.hit.edu.cn
印 刷 黑龙江省委党校印刷厂
开 本 787mm×1092mm 1/16 印张 11.25 字数 300 千字
版 次 2015 年 5 月第 1 版 2015 年 5 月第 1 次印刷
书 号 ISBN 978-7-5603-5167-4
定 价 27.00 元

编　委　会

主　编　李　刚

编　委　冯义显　杜　岳　张一帆　邹　雯

戴成元　卢　玲　陈伟军　孙国栋

王向阳　常志学　赵德福　林志伟

杨建明　李　杨

前　言

施工图设计文件审查是建设行政主管部门对建筑工程勘察设计质量监督管理的重要环节。施工图审查的关键为是否违反强制性条文，为了加深设计人员对规范的深入理解和正确执行规范条文，确保结构安全，提高个人业务水平，我们组织策划了本书。

本书体例新颖，对结构专业施工图中常出现和易出现问题的地方进行分析、讲解，使设计人员在做设计时尽量避免犯同类型的错误，既清晰又简单明了。本书共分为五章，包括：综合概述、建筑结构设计及审查文件、设计荷载、建筑结构施工图审查要点分析以及建筑结构施工图审查常遇问题汇总等。本书可供刚走上工作岗位的结构设计人员及审图人员使用，也可供大专院校建筑设计及结构专业师生阅读参考。

由于编者的经验和学识有限，尽管尽心尽力、反复推敲核实，但仍不免有疏漏之处，恳请广大读者提出宝贵意见，以便作进一步修改和完善。

编　者

2014.07

目　录

第1章 综合概述

1.1 建筑结构设计的基本原则

(1)建筑结构设计中,要结合工程具体情况精心设计,做到安全适用、经济合理、技术先进和确保质量。

(2)设计前,必须对建筑物的安全性、耐久性和舒适性等使用要求,以及施工技术条件、材料供应情况及工程地质、地形等情况进行补充调查研究,做到心中有数,以使设计符合实际情况。

(3)在确保工程质量与安全的前提下,结构设计应积极采用和推广成熟的新结构、新技术、新材料和新工艺,所选结构设计方案应有利于加快建设速度。

(4)在设计中,应与建筑专业、设备专业和施工单位密切配合。设计应重视结构的选型、结构计算和结构构造,根据功能要求选用安全适用、经济合理、便于施工的结构方案。

①结构选型是结构设计的首要环节,必须慎重对待。对高风压区和地震区应力求选用承载能力高,抗风力及抗地震作用性能好的结构体系和结构布置方案,应使选用的结构体系受力明确、传力简捷。

②结构计算是结构设计的基础,计算结果是结构设计的依据,必须认真对待。设计中选择合适的计算假定、计算简图、计算方法及计算程序,是得到正确计算结果的关键。当前结构设计中大量采用计算机,设计中必须保证输入信息和数据正确无误,对计算结果进行仔细分析,保证安全。

③结构构造是结构设计的保证,构造设计必须从概念设计入手,加强连接,保证结构有良好的整体性、足够的强度和适当的刚度。对有抗震设防要求的结构,尚应保证结构的弹塑性和延性;对结构的关键部位和薄弱部位,以及施工操作有一定困难的部位或将来使用上可能有变化的部位,应采取加强构造措施,并在设计中适当留有余地,以保安全。

④在设计中选用构、配件标准图和通用图时,应按次序采用国家标准图、区标准图和省通用图,并应结合工程的具体使用情况,对构、配件的设计、计算和构造进行必要的复核和修改补充,以保证结构安全和设计质量。

⑤建筑物所在地区的抗震烈度应由工程地质勘察报告提供。工程中如发现实际情况与《建筑抗震设计规范》(GB 50011—2010)附录A的基本烈度表有矛盾时,应协助建设单位委托有关部门做进一步的地震烈度论证再予以采用。

⑥民用建筑结构设计尚应符合《建筑设计防火规范》(GB 50016—2006)及《高层民用建筑设计防火规范(2005年版)》(GB 50045—1995)等有关条文的要求,应根据建筑的耐火等级、燃烧性能和耐火极限,正确地选择结构与构件的防火与抗火措施,如相应保护层厚度等。

1.2　建筑结构抗震设计的基本原则

(1)抗震设计基本规定。

①抗震设防烈度为6度及以上地区的建筑,必须进行抗震设防设计。

②抗震设防烈度必须按国家规定的权限审批、颁发的文件(图件)确定。

③按照《建筑抗震设计规范》(GB 50011—2010),抗震设计所能达到的抗震设防目标是:“小震不坏、中震可修、大震不倒”。

④建筑设计应根据抗震概念设计的要求明确建筑形体的规则性。不规则的建筑方案应按规定采取加强措施;特别不规则的建筑方案应进行专门研究和论证,采取特别的加强措施;严重不规则的建筑不应采用。

⑤结构体系应符合下列各项要求:

a.应具有明确的计算简图和合理的地震作用传递途径。

b.应避免因部分结构或构件破坏而导致整个结构丧失抗震能力或对重力荷载的承载能力。

c.应具备必要的抗震承载力、良好的变形能力和消耗地震能量的能力。

d.对可能出现的薄弱部位,应采取措施提高抗震能力。

⑥结构体系应符合下列各项要求:

a.宜有多道抗震防线。

b.宜具有合理的刚度和承载力分布,避免因局部削弱或突变形成薄弱部位,产生过大的应力集中或塑性变形集中。

c.结构在两个主轴方向的动力特性宜相近。

(2)建筑场地合理选择。

①建筑场地应优先选择开阔平坦地形、较薄覆盖层和均匀密实土层的地段。地震时深厚软弱土层是以长周期振动分量为主导,输入地震能量增多,对建造其上的高楼等较长周期的建筑不利。

②因条件限制需在条状突出山嘴、孤立山丘、土梁、陡坡边缘、河岸边等抗震不利地段建造房屋时,应考虑不利地形对设计地震动参数可能产生的放大作用,将地震影响系数最大值乘以增大系数1.2~1.6。

③土体内存在液化土夹层或润滑黏土夹层的斜坡地段,地震时其上土层可能发生大面积滑移,用作建筑场地时,应采取有效防治措施。

④软土地区,河岸边宽约5~10倍河床深度的地带,地震时可能产生多条平行河流方向的地面裂隙,用作建筑场地时,应采取有效的应对措施。

⑤应探明场地内是否存在发震断裂带,并按下列要求评价断裂对工程的影响:

a.对符合下列规定之一的情况,可忽略发震断裂错动对地面建筑的影响:

Ⅰ.抗震设防烈度小于8度;

Ⅱ.非全新世活动断裂;

Ⅲ.抗震设防烈度为8度和9度时,隐伏断裂的土层覆盖厚度分别大于60 m和90 m。

b.对不符合a中规定的情况,应避开主断裂带:其避让距离不宜小于表1.1对发震断裂最小避让距离的规定。在避让距离的范围内确有需要建造分散的、低于三层的丙、丁类建筑时,应按提高一度采取抗震措施,并提高基础和上部结构的整体性,且不得跨越断层线。

表 1.1　发震断裂的最小避让距离　单位:m

烈度	建筑抗震设防类别			
	甲	乙	丙	丁
8 度	专门研究	200 m	100 m	—
9 度	专门研究	400 m	200 m	—

⑥场地划分为四类,建筑场地的类别应根据土层等效剪切波速和覆盖层厚度按表 1.2 划分为四类,其中Ⅰ类分为 $Ⅰ_0$、$Ⅰ_1$ 两个亚类。当有可靠的剪切波速和覆盖层厚度且其值处于表 1.2 所列场地类别的分界线附近时,应允许按插值方法确定地震作用计算所用的特征周期。一般的地基处理和桩基均不能改变场地的类别。

表 1.2　各类建筑场地的覆盖层厚度　单位:m

岩石的剪切波速或土的等效剪切波速/($m \cdot s^{-1}$)	场地类别				
	$Ⅰ_0$	$Ⅰ_1$	Ⅱ	Ⅲ	Ⅳ
$v_s > 800$	0				
$800 \geqslant v_s > 500$		0			
$500 \geqslant v_{se} > 250$		<5	≥5		
$250 \geqslant v_{se} > 150$		<3	3 ~ 50	>50	
$v_{se} \leqslant 150$		<3	3 ~ 15	15 ~ 50	>80

注:表中 v_s 系岩石的剪切波速。

(3)地基和基础合理选择。

①同一结构单元不宜部分采用天然地基、部分采用人工地基,同一结构单元的基础不宜设置在性质截然不同的地基上。无法避免时,应视工程情况采取措施清除或减小地震期间不同地基的差异沉降量。

②建筑地基范围内的砂土和饱和粉土(不含黄土),应按《建筑抗震设计规范》(GB 50011—2010)第 4.3 节的规定进行液化判别和地基处理。

③地基受力层范围内存在软弱黏性土层与湿陷性黄土时,应结合具体情况综合考虑,采用桩基地基加固处理或下列各项措施;也可根据地基承受的压力估算地震时软土可能产生的震陷量,采取相应的工程措施。

a. 选择合适的基础埋置深度。

b. 调整基础底面积,减少基础偏心。

c. 加强基础的整体性和刚度,如采用箱基、筏基或钢筋混凝土交叉条形基础,加设基础圈梁等。

d. 减轻荷载,增强上部结构的整体刚度和均匀对称性,合理设置沉降缝,避免采用对不均匀沉降敏感的结构形式等。

e. 管道穿过建筑处应预留足够尺寸或采用柔性接头等。

(4)建筑体形与刚度的合理选择。

①建筑的平面形状及其抗侧力构件的平面布置宜简单、规则、对称。多层、高层建筑平面的外突部分尺寸，应满足表1.3的要求。

表1.3　平面尺寸及突出部位尺寸的比值限值　单位:m

设防烈度	L/B	L/B_{max}	L/B
6、7度	≤6.0	≤0.35	≤2.0
8、9度	≤5.0	≤0.30	≤1.5

②建筑的立面形状宜简单、规则、对称，结构的侧向刚度和水平承载力沿高度宜均匀变化，自下而上逐渐减小，避免出现突变。多层、高层建筑立面内收或外挑的尺寸，抗震设计时，当结构上部楼层收进部位到室外地面的高度 H_1 与房屋高度 H 之比大于0.2时，上部楼层收进后的水平尺寸 B_1 不宜小于下部楼层水平尺寸 B 的75%，如图1.1(a)、(b)所示；当上部结构楼层相对于下部楼层外挑时，上部楼层水平尺寸 B_1 不宜大于下部楼层的水平尺寸 B 的1.1倍，且水平外挑尺寸 a 不宜大于4 m，如图1.1(c)、(d)所示。

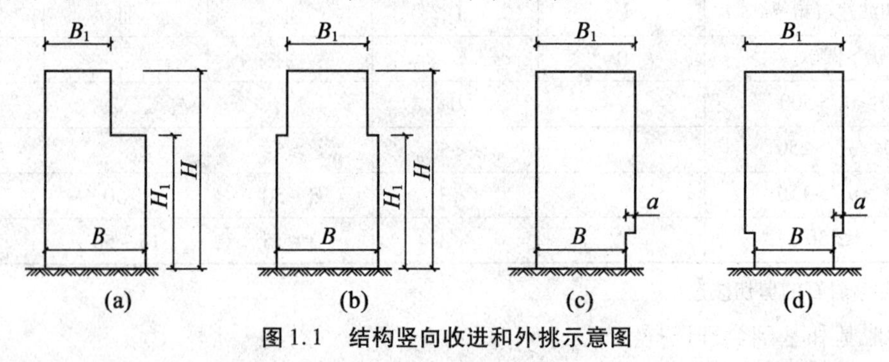

图1.1　结构竖向收进和外挑示意图

③当建筑存在表1.4或表1.5所列举的平面或竖向不规则类型时，应按下列要求进行水平地震作用计算和内力调整，并采取相应的抗震构造措施。

表1.4　平面不规则的主要类型

不规则类型	定义和参考指标
扭转不规则	在规定的水平力作用下，楼层的最大弹性水平位移(或层间位移)，大于该楼层两端弹性水平位移(或层间位移)平均值的1.2倍
凹凸不规则	平面凹进的尺寸，大于相应投影方向总尺寸的30%
楼板局部不连续	楼板的尺寸和平面刚度急剧变化，例如，有效楼板宽度小于该层楼板典型宽度的50%，或开洞面积大于该层楼面面积的30%，或较大的楼层错层

表 1.5　竖向不规则的主要类型

不规则类型	定义和参考指标
侧向刚度不规则	该层的侧向刚度小于相邻上一层的 70%，或小于其上相邻三个楼层侧向刚度平均值的 80%；除顶层或出屋面小建筑外，局部收进的水平向尺寸大于相邻下一层的 25%
竖向抗侧力构件不连续	竖向抗侧力构件（柱、抗震墙、抗震支撑）的内力由水平转换构件（梁、桁架等）向下传递
楼层承载力突变	抗侧力结构的层间受剪承载力小于相邻上一楼层的 80%

a. 平面不规则而竖向规则的建筑，应采用空间结构计算模型，并应符合下列要求：

Ⅰ. 扭转不规则时，应计入扭转影响，且楼层竖向构件最大的弹性水平位移和层间位移分别不宜大于楼层两端弹性水平位移和层间位移平均值的 1.5 倍，当最大层间位移远小于规范限值时，可适当放宽。

Ⅱ. 凹凸不规则或楼板局部不连续时，应采用符合楼板平面内实际刚度变化的计算模型；高烈度或不规则程度较大时，宜计入楼板局部变形的影响。

Ⅲ. 平面不对称且凹凸不规则或局部不连续，可根据实际情况分块计算扭转位移比，对扭转较大的部位应采用局部的内力增大系数。

b. 平面规则而竖向不规则的建筑，应采用空间结构计算模型，刚度小的楼层的地震剪力应乘以不小于 1.15 的增大系数，其薄弱层应按《建筑抗震设计规范》（GB 50011—2010）有关规定进行弹塑性变形分析，并应符合下列要求：

Ⅰ. 竖向抗侧力构件不连续时，该构件传递给水平转换构件的地震内力应根据烈度高低和水平转换构件的类型、受力情况、几何尺寸等，乘以 1.25 ~ 2.0 的增大系数。

Ⅱ. 侧向刚度不规则时，相邻层的侧向刚度比应依据其结构类型符合《建筑抗震设计规范》（GB 50011—2010）相关章节的规定。

Ⅲ. 楼层承载力突变时，薄弱层抗侧力结构的受剪承载力不应小于相邻上一楼层的 65%。

c. 平面不规则且竖向不规则的建筑，应根据不规则类型的数量和程度，有针对性地采取不低于 a、b 中要求的各项抗震措施。特别不规则的建筑，应经专门研究，采取更有效的加强措施或对薄弱部位采用相应的抗震性能化设计方法。

④建筑结构方案不宜采用“不规则”，尽量避免采用“特别不规则”，不得采用“严重不规则”。三种级别的“不规则”分别指：

a. 两项达到表 1.4 和表 1.5 中的指标。

b. 多项达到两个表中的指标或某一两项超过表中指标。

c. 多项超过两个表中的指标。

⑤带大底盘的高层建筑，塔楼与裙房宜同心布置。当塔楼与裙房之间不设防震缝时，塔楼在裙房屋面以上第一层，柱的上、下端弯矩宜乘以增大系数 1.25 ~ 1.5。

（5）结构材料与延性的合理选择。

①按照结构延性系数的大小排序，依次是钢结构、钢管混凝土结构、型钢混凝土结构、钢

筋混凝土结构、配筋砌体结构、砌体结构。

②结构的延性系数大，说明结构抗震的变形能力大，结构的耐震性能好。因此，有条件时，建筑的主体结构宜采用延性系数较大的结构材料。

③防止脆性破坏，使结构能达到其自身最大延性，宜采取以下措施：

a. 对砌体结构，采用圈梁和构造柱来约束墙体。

b. 对钢筋混凝土构件，合理确定截面尺寸，恰当配置纵筋和箍筋（抗剪斜筋），加强钢筋的锚同，避免剪切破坏先于弯曲破坏、混凝土压溃先于钢筋屈服、钢筋黏结锚固失效先于杆件破坏。

c. 对钢构件，合理确定板件宽厚比，防止局部屈曲；强化杆件连接，使屈服截面远离杆件节点。

（6）结构体系的合理选择。

①应能制定出明确的、当前计算手段能解决的平面或空间计算简图。

②应具有合理的、直接的或基本直接的传力途径。部分框架柱、抗震墙不落地或在某楼层中断，则需要通过楼盖或水平转换构件迂回传递地震力，属于间接传力途径，不利于抗震，应按《建筑抗震设计规范》（GB 50011—2010）第 3.4.3 条等有关规定采取加强措施。

③应避免因少数脆弱构件或节点等薄弱环节的破坏而导致整个结构传力路线中断、丧失抗震能力或承重能力。非成对设置的单斜杆竖向支撑、弱柱型框架、不合理的水平转换构件、侧向刚度或水平承载力不足的柔弱楼层，均属不安全构件。

④应具有足够的侧向刚度、较强的水平承载力、良好的变形能力、能吸收和耗散较多的地震输入能量。

⑤宜采用具有多道抗震防线的剪切型构件和弯曲型构件并用的双重或多重结构体系，例如，框 - 墙体系、框 - 撑体系、筒中筒体系等。若采用框架体系、剪力墙体系等单一结构体系时，应分别符合“强柱弱梁、强剪弱弯、强节点弱构件”的抗震设计理念。

⑥宜具有尽可能多的超静定次数，确保结构具有较大赘余度和内力重分配功能，在地震作用下，整个结构能形成总体屈服机制而不发生楼层屈服机制。强柱型框架、偏心（偏交）支撑、强剪型支撑、联肢墙等属总体屈服机制型构件。

⑦沿结构平面和竖向，各抗侧力构件宜具有合理的刚度和承载力分布，避免因局部削弱或突变形成柔弱楼层或薄弱部位，产生过大的应力集中或塑性变形集中。

⑧结构在纵、横两个主轴方向的动力特性宜相近。

⑨采用钢筋混凝土“部分框支抗震墙”结构体系的高层建筑，当框支柱采用钢管混凝土柱或型钢混凝土柱时，应视底部框支层数的多少及上部与下部楼层侧向刚度比值的大小，确定是否采取下列措施：

a. 框支层的钢筋混凝土核心筒墙体内增设型钢暗框架。

b. 框支柱计入包含塑性变形集中侧移的重力二阶效应。

c. 按《高层建筑混凝土结构技术规程》（JGJ 3—2010）附录 E 计算转换层上、下楼层的侧向刚度比。

（7）房屋高度和高宽比的合理选择。

钢结构、钢 - 混凝土混合结构、型钢混凝土结构、钢筋混凝土结构房屋的最大适用高度和高宽比，应符合下列规定：

①《高层建筑混凝土结构技术规程》(JGJ 3—2010)适用于10层及10层以上或房屋高度大于28 m的住宅建筑以及房屋高度大于24 m的其他高层民用建筑混凝土结构。非抗震设计和抗震设防烈度为6～9度抗震设计的高层民用建筑结构,其适用的房屋最大高度和结构类型应符合《高层建筑混凝土结构技术规程》(JGJ 3—2010)的有关规定。

《高层建筑混凝土结构技术规程》(JGJ 3—2010)不适用于建造在危险地段以及发震断裂最小避让距离内的高层建筑结构。

②多层和高层钢结构房屋适用的钢结构民用房屋的结构类型和最大高度应符合表1.6的规定。平面和竖向均不规则的钢结构,适用的最大高度宜适当降低。

注意:1.钢支撑－混凝土框架和钢框架－混凝土筒体结构的抗震设计,应符合《建筑抗震设计规范》(GB 50011—2010)附录G的规定。

2.多层钢结构厂房的抗震设计,应符合《建筑抗震设计规范》(GB 50011—2010)附录H第H.2节的规定。

表1.6　钢结构房屋适用的最大高度　单位:m

结构类型	6、7度 (0.10g)	7度 (0.15g)	8度 (0.20g)	 (0.30g)	9度 (0.40g)
框架	110	90	90	70	50
框架－中心支撑	220	200	180	150	120
框架－偏心支撑(延性墙板)	240	220	200	180	160
筒体(框筒,筒中筒,桁架筒,束筒)和巨型框架	300	280	260	240	180

注:1.房屋高度指室外地面到主要屋面板板顶的高度(不包括局部突出屋顶部分);

2.超过表内高度的房屋,应进行专门研究和论证,采取有效的加强措施;

3.表内的筒体不包括混凝土筒。

③多层和高层钢结构房屋适用的钢结构民用房屋的最大高宽比不宜超过表1.7的规定。

表1.7　钢结构民用房屋适用的最大高宽比

烈度	6、7度	8度	9度
最大高宽比	6.5	6.0	5.5

注:塔形建筑的底部有大底盘时,高宽比可按大底盘以上计算。

④混合结构高层建筑适用的最大高度应符合表1.8的规定。

表 1.8 混合结构高层建筑适用的最大高度 单位:m

结构体系		非抗震设计	抗震设防热度				
			6 度	7 度	8 度		9 度
					0.2g	0.3g	
框架核心筒	钢框架钢筋混凝土核心筒	210	200	160	120	100	70
	型钢(钢管)混凝土框架钢筋混凝土核心筒	240	220	190	150	130	70
筒中筒	钢外筒钢筋混凝土核心筒	280	260	210	160	140	80
	型钢(钢管)混凝土外筒钢筋混凝土核心筒	300	280	230	170	150	90

注:平面和竖向均不规则的结构,最大适用高度应适当降低。

⑤混合结构高层建筑的高宽比不宜大于表 1.9 的规定。

表 1.9 混合结构高层建筑适用的最大高宽比

结构体系	非抗震设计	抗震设防热度		
		6、7 度	8 度	9 度
框架核心筒	8	7	6	4
筒中筒	8	8	7	5

⑥采用型钢混凝土组合结构时,房屋最大适用高度可比行业标准《高层建筑混凝土结构技术规程》(JGJ 3—2010)所规定的房屋最大适用高度适当提高;当全部结构构件均采用型钢混凝土结构,包括型钢混凝土框架和钢筋混凝土筒体组成的混合结构,除设防烈度为 9 度外,房屋最大适用高度可相应提高 30% ~40%,其结构阻尼比宜取 0.04。

⑦多层和高层钢筋混凝土房屋适用的现浇钢筋混凝土房屋的结构类型和最大高度应符合表 1.10 的要求。平面和竖向均不规则的结构,适用的最大高度宜适当降低。

注意:“抗震墙”指结构抗侧力体系中的钢筋混凝土剪力墙,不包括只承担重力荷载的混凝土墙。

表 1.10 现浇钢筋混凝土房屋适用的最大高度 单位:m

结构类型	烈 度				
	6 度	7 度	8 度(0.2g)	8 度(0.3g)	9 度
框架	60	50	40	35	24
框架 - 抗震墙	130	120	100	80	50
抗震墙	140	120	100	80	60
部分框支抗震墙	120	100	80	50	不应采用

续表 1.10

结构类型		烈度				
		6 度	7 度	8 度(0.2g)	8 度(0.3g)	9 度
筒体	框架－核心筒	150	130	100	90	70
	筒中筒	180	150	120	100	80
板柱－抗震墙		80	70	55	40	不应采用

注:1. 房屋高度指室外地面到主要屋面板板顶的高度(不包括局部突出屋顶部分);

2. 框架－核心筒结构指周边稀柱框架与核心筒组成的结构;

3. 部分框支抗震墙结构指首层或底部两层为框支层的结构,不包括仅个别框支墙的情况;

4. 表中框架,不包括异形柱框架;

5. 板柱－抗震墙结构指板柱、框架和抗震墙组成抗侧力体系的结构;

6. 乙类建筑可按本地区抗震设防烈度确定其适用的最大高度;

7. 超过表内高度的房屋,应进行专门研究和论证,采取有效的加强措施。

⑧钢筋混凝土高层建筑结构的最大适用高度应区分为 A 级和 B 级。A 级高度钢筋混凝土乙类和丙类高层建筑的最大适用高度应符合表 1.11 的规定,B 级高度钢筋混凝土乙类和丙类高层建筑的最大适用高度应符合表 1.12 的规定。

平面和竖向均不规则的高层建筑结构,其最大适用高度宜适当降低。

表 1.11　A 级高度钢筋混凝土高层建筑的最大适用高度　单位:m

结构体系		非抗震设计	抗震设防烈度				
			6 度	7 度	8 度		9 度
					0.2g	0.3g	
框架		70	60	50	40	35	—
框架－剪力墙		150	130	120	100	80	50
剪力墙	全部落地剪力墙	150	140	120	100	80	60
	部分框支剪力墙	130	120	100	80	50	不应采用
筒体	框架核心筒	160	150	130	100	90	70
	筒中筒	200	180	150	120	100	80
板－柱剪力墙		110	80	70	55	40	不应采用

注:1. 表中框架不含异形柱框架;

2. 部分框支剪力墙结构指地面以上有部分框支剪力墙的剪力墙结构;

3. 甲类建筑,6、7、8 度时宜按本地区抗震设防烈度提高一度后符合本表的要求,9 度时应专门研究;

4. 框架结构、板柱剪力墙结构以及 9 度抗震设防的表列其他结构,当房屋高度超过本表数值时,结构设计应有可靠依据,并采取有效的加强措施。

表1.12 B级高度钢筋混凝土高层建筑的最大适用高度 单位:m

结构体系		非抗震设计	抗震设防热度			
			6度	7度	8度	
					0.2g	0.3g
框架-剪力墙		170	160	140	120	100
剪力墙	全部落地剪力墙	180	170	150	130	110
	部分框支剪力墙	150	140	120	100	80
筒体	框架-核心筒	220	210	180	140	120
	筒中筒	300	280	230	170	150

注:1.部分框支剪力墙结构指地面以上有部分框支剪力墙的剪力墙结构;

2.甲类建筑,6、7度时宜按本地区设防烈度提高一度后符合本表的要求,8度时应专门研究;

3.当房屋高度超过表中数值时,结构设计应有可靠依据,并采取有效的加强措施。

⑨钢筋混凝土高层建筑结构的高宽比不宜超过表1.13的规定。

表1.13 钢筋混凝土高层建筑结构适用的最大高宽比

结构体系	非抗震设计	抗震设防热度		
		6度、7度	8度	9度
框架	5	4	3	—
板柱-剪力墙	6	5	4	—
框架-剪力墙、剪力墙	7	6	5	4
框架-核心筒	8	7	6	4
筒中筒	8	8	7	5

(8)结构分析模型的合理选择。

①多遇地震作用下建筑结构的内力和变形分析,结构构件处于弹性工作状态,采用线性静力方法或线性动力方法。

②罕遇地震作用下建筑结构的弹塑性变形分析,根据结构特点采用静力弹塑性分析方法或弹塑性时程分析方法。

③进行结构弹性分析时,各层楼(屋)盖应根据其平面内变形状况确定为刚性、半刚性或柔性横隔板。质量和侧向刚度分布基本对称且楼(屋)盖可视为刚性横隔板的结构,可采用平面结构模型进行抗震分析,半刚性楼盖结构应采用空间结构模型进行抗震分析。

④竖向支撑的斜杆,不论其端部与梁、柱的连接构造属铰接或刚接,均按铰接杆计算。

⑤对钢结构、钢-混凝土混合结构,应考虑重力荷载下各柱和墙因弹性压缩、混凝土收缩徐变的竖向变形差,对钢柱下料长度、刚接钢梁内力所产生的影响。

⑥对"核心筒-刚臂-框架"体系,刚臂(伸臂桁架)与周边框架柱的连接宜采用铰接或半刚接,并应计入外柱与混凝土筒体竖向变形差引起的桁架杆内力的变化。

⑦下列建筑应采用弹性时程分析法进行多遇烈度地震作用下的"补充"计算,结构地震

作用效应宜取 3 条以上地震时程曲线计算结果的平均值与振型分解反应谱法计算结果两者的较大值。

注意：所谓“补充”计算主要指对计算结果的底部剪力楼层剪力和层间位移进行比较，当时程分析法大于振型分解反应谱法时，相关部位的构件内力和配筋作相应的调整。

a. 甲类建筑结构。

b. 表 1.14 所列的乙、丙类高层建筑。

表 1.14　采用时程分析的房屋高度范围

烈度、场地类别	房屋高度范围/m
8 度Ⅰ、Ⅱ类场地和 7 度	>100
8 度Ⅲ、Ⅳ类场地	>80
9 度	>60

c.《建筑抗震设计规范》(GB 50011—2010)所规定的特别不规则的建筑结构。

d. 复杂高层建筑结构：带转换层的结构、带加强层的结构、错层结构、连体结构、多塔楼结构。

e. 质量沿竖向分布特别不均匀的高层建筑结构。

(9)结构构件设计。

由历次地震中建筑物破坏和倒塌的过程可以看出，建筑物在地震时要免于倒塌和严重破坏，结构中杆件发生强度屈服的顺序应该符合下列条件：

杆件先于节点；梁先于柱；弯曲破坏先于剪切破坏；受拉屈服先于受压破坏；就是说，一栋建筑遭遇地震时，其抗侧力体系中构件(如框架)的破坏过程应该是：梁、柱或斜撑杆件的屈服先于框架节点；梁的屈服又先于柱的屈服；而且梁和柱的弯曲屈服在前，剪切屈服在后；杆件截面产生塑性铰的过程，则是受拉屈服在前，受压破坏在后。这样，构件发生变形时，均具有较好的延性，而不是混凝土被压碎的脆性破坏。即各环节的变形中，塑性变形成分远大于弹性变形成分。那么，这栋建筑就具有较高的耐震性能。

为使抗侧力构件的破坏状态和过程能符合上述准则，进行构件设计时，需要遵循以下设计准则：“强节点弱杆件”、“强柱弱梁”、“强剪弱弯”、“强压弱拉”。

①钢筋混凝土框架、框筒的设计宜符合“四强、四弱”准则：

a.“强节点弱杆件”——框架梁-柱节点域的截面抗震验算，应符合《建筑抗震设计规范》(GB 50011—2010)附录 D 的要求，使杆件破坏先于节点破坏。

b.“强柱弱梁”——框架各楼层节点的柱端弯矩设计值，应符合《建筑抗震设计规范》(GB 50011—2010)第 6.2.2、6.2.3、6.2.6 和 6.2.10 条的要求，使梁端破坏先于柱端破坏。

c.“强剪弱弯”——框架梁、柱的截面尺寸应满足《建筑抗震设计规范》(GB 50011—2010)第 6.3.1、6.3.3 条的要求，框架梁端截面和框架柱的剪力设计值，应分别符合《建筑抗震设计规范》(GB 50011—2010)第 6.2.4、6.2.5 条的要求，使梁柱的弯曲破坏先于剪切破坏。

d.“强压弱拉”——框架柱的截面尺寸应满足《建筑抗震设计规范》(GB 50011—2010)

第6.3.5条的要求。框架梁、柱的纵向受拉钢筋和箍筋的配置,应分别符合《建筑抗震设计规范》(GB 50011—2010)第6.3.3、6.3.7条和6.3.8~6.3.10条的要求,使梁、柱截面受拉区钢筋的屈服先于受压区混凝土的压碎。

②有地震作用效应组合时,仅重力荷载作用下可考虑对钢筋混凝土框架梁端的负弯矩设计值以调幅系数进行调幅。

③钢筋混凝土结构高层建筑中、上段的设备层(兼作结构转换层的情况除外),因层高突然减小,使全部框架柱的剪跨比均不大于2时,对剪跨比不大于2但不小于1.5的柱的轴压比限值应比剪跨比大于2的数值减小0.05,对剪跨比小于1.5的柱的轴压比限值应专门研究并采取特殊构造措施;对剪跨比均不大于2的柱的箍筋加密区取柱全高范围,其箍筋加密区范围内的最小体积配箍率,应符合《建筑抗震设计规范》(GB 50011—2010)第6.3.9条的规定。

④设置地下室的多层、高层建筑,地下结构钢筋混凝土柱和型钢混凝土柱的轴压比限值可按《建筑抗震设计规范》(GB 50011—2010)中相应数值增加0.1。

⑤一级框架的钢筋混凝土梁端箍筋加密区段内,宜在距梁底面200 mm高度处设置φ8横向拉筋,其纵向间距和箍筋相同。

⑥高层建筑宜设置地下室。当地下室的层数较多时,为使深基坑能采用造价低、工期短的自支护系统,地下结构宜采用钢管混凝土柱或型钢混凝土柱,并采用逆作业法施工。

⑦对钢结构高层建筑,为减缓地下结构到上部钢结构的侧向刚度突变,底层或底部两层宜采用型钢混凝土结构作为过渡层。

⑧为确保结构具有足够的延性,所采用高强混凝土的强度等级,8、9度时宜分别不超过C70和C60,而且在构造方面应符合《建筑抗震设计规范》(GB 50011—2010)附录B的规定。

⑨多、高层建筑的顶层为空旷大厅时,除对结构进行弹性时程分析外,对顶层结构构件宜采取高一等级的抗震构造措施,以增强其适应较大变形的能力。

⑩对转换层楼盖的托柱梁、托墙梁,作用于其跨间的上层柱(或墙肢)由地震倾覆力矩引起的附加轴压力,宜乘以增大系数1.5。

1.3 荷载及作用

(1)民用建筑设计时,对其承受的永久荷载和可变荷载应按《建筑结构荷载规范》(GB 50009—2012)的有关规定取值。施工过程中的临时荷载可按预期的最大合理值确定,应避免在建筑设计使用年限内由于设计不周发生结构构件不应有的超载。

(2)对重要建筑物、中外合资工程或国外工程,可根据业主的要求确定楼面活荷载标准值。设计时宜考虑使用期间设备更新或用途变更的可能,适当增大楼面活荷载标准值。对办公用房一般不宜小于2.5 kN/m^2。

(3)《建筑结构荷载规范》(GB 50009—2012)及其他有关设计规范中未予明确的楼面活荷载标准值,可根据在楼面上活动的人和设施的不同状况,粗略将其标准值(L_k)分为七个档次:

①活动的人很少 $L_k=2.0\ kN/m^2$。

②活动的人较多且有设备 $L_k=2.5\ kN/m^2$。

③活动的人很多且有较重的设备 $L_k = 3.0\ kN/m^2$。

④活动的人很集中,有时很挤或有较重的设备 $L_k = 3.5\ kN/m^2$。

⑤活动的性质比较剧烈 $L_k = 4.0\ kN/m^2$。

⑥储存物品的仓库 $L_k = 5.0\ kN/m^2$。

⑦有大型的机械设备 $L_k = (6 \sim 7.5)\ kN/m^2$。

设计人员可根据工程的实际情况对照上述类别选用。但当有特别重的设备时(如医院的核磁共振设备室、银行的保管箱用房等),应根据实际情况另行考虑。

(4)确定建筑物的风荷载体型系数 μ_s 时,可采用以下规定:

①当建筑物与《建筑结构荷载规范》(GB 50009—2012)表8.3.1中的体型类同时,可按该表的规定采用。

②当建筑物与《建筑结构荷载规范》(GB 50009—2012)表8.3.1中的体型不同时,可按有关资料采用;当无资料时,应由风洞试验确定。

③对于重要且体型复杂的建筑物,应由风洞试验确定。

(5)对风荷载比较敏感的高层建筑,承载力设计时应按基本风压的1.1倍采用。

(6)设计屋面结构构件时应按《建筑结构荷载规范》(GB 50009—2012)的规定考虑不均匀积雪分布的不利影响。

(7)计算建筑物地震作用时,应符合《建筑抗震设计规范》(GB 50011—2010)的规定,在计算中应考虑楼梯构件的影响。

(8)当建筑物体量过大、体型复杂或平面过长时,由于温度变化、材料收缩和徐变、地基不均匀变形等原因可能对结构产生较大的附加作用力,应根据建筑物的实际情况在适当部位采取后浇带、温度伸缩缝、沉降缝等措施,将建筑物分割成若干单元以减少上述原因产生的结构附加内力;也可通过计算手段估算结构中的附加内力并采取相应设计措施。

(9)结构构件按承载能力极限状态设计时,应按荷载效应的基本组合进行荷载(效应)组合,并应采用下列表达式进行设计:

①持久设计状况、短暂设计状况,即

$$\gamma_0 S_d \leqslant R_d \tag{1.1}$$

②地震设计状况,即

$$S_d \leqslant R_d / \gamma_{RE} \tag{1.2}$$

式中　γ_0——结构重要性系数,对安全等级为一级的结构构件不应小于1.1,对安全等级为二级的结构构件不应小于1.0;

S_d——作用组合效应的设计值,应符合《高层建筑混凝土结构技术规程》(JGJ 3—2010)第5.6.1~5.6.4条的规定;

R_d——构件承载力设计值;

γ_{RE}——构件承载力抗震调整系数。

(10)结构构件荷载效应的基本组合设计值应按下列公式确定:

①持久设计状况、短暂设计状况,即

$$S_d = \gamma_G S_{Gk} + \gamma_L \psi_Q \gamma_Q S_{Qk} + \psi_w \gamma_w S_{wk} \tag{1.3}$$

②地震设计状况,即

$$S_d = \gamma_G S_{GE} + \gamma_{Eh} S_{Ehk} + \gamma_{Ev} S_{Evk} + \psi_w \gamma_w S_{wk} \tag{1.4}$$

式中 S_{Gk}——永久荷载效应标准值；

S_{Qk}——楼面活荷载效应标准值；

S_{wk}——风荷载效应标准值；

γ_G——永久荷载分项系数；

γ_Q——楼面活荷载分项系数；

γ_L——考虑结构设计使用年限的荷载调整系数，设计使用年限为50年时取1.0，设计使用年限为100年时取1.1；

γ_w——风荷载的分项系数；

ψ_Q、ψ_w——分别为楼面活荷载组合值系数和风荷载组合值系数，当永久荷载效应起控制作用时应分别取0.7和0.0；当可变荷载效应起控制作用时应分别取1.0和0.6或0.7和1.0；

S_{GE}——重力荷载代表值的效应；

S_{Ehk}——水平地震作用标准值的效应，尚应乘以相应的增大系数、调整系数；

S_{Evk}——竖向地震作用标准值的效应，尚应乘以相应的增大系数、调整系数；

γ_{Eh}——水平地震作用分项系数；

γ_{Ev}——竖向地震作用分项系数。

1.4 审查依据及标准

(1)现行国家标准。

施工图审查所依据的现行国家标准及规范有：

①《砌体结构设计规范》(GB 50003—2011)

②《建筑地基基础设计规范》(GB 50007—2011)

③《建筑结构荷载规范》(GB 50009—2012)

④《混凝土结构设计规范》(GB 50010—2010)

⑤《建筑抗震设计规范》(GB 50011—2010)

⑥《钢结构设计规范》(GB 50017—201×)

⑦《冷弯薄壁型钢结构技术规范》(GB 50018—2002)

⑧《建筑结构可靠度设计统一标准》(GB 50068—2001)

⑨《建筑工程抗震设防分类标准》(GB 50223—2008)

⑩《混凝土结构耐久性设计规范》(GB/T 50476—2008)

(2)现行行业标准。

①《高层建筑混凝土结构技术规程》(JGJ 3—2010)

②《高层建筑筏形与箱形基础技术规范》(JGJ 6—2011)

③《空间网格结构技术规程》(JGJ 7—2010)

④《建筑地基处理技术规范》(JGJ 79—2012)

⑤《建筑钢结构焊接技术规程》(JGJ 81—2002)

⑥《建筑桩基技术规范》(JGJ 94—2008)

⑦《高层民用建筑钢结构技术规程》(JGJ 99—1998)
⑧《建筑基坑支护技术规程》(JGJ 120—2012)
⑨《载体桩设计规范》(JGJ 135—2007)
⑩《多孔砖砌体结构技术规范(2002 年版)》(JGJ 137—2001)

第2章 建筑结构设计及审查文件

2.1 建筑结构设计计算的步骤

新的建筑结构设计规范在结构可靠度、设计计算、配筋构造方面均有重大更新和补充，特别是对抗风、抗震及结构的整体性、规则性作出了更高更具体的要求，使结构设计往往不可能一次完成，而应当从整体到局部、分层次完成。如何正确运用设计软件进行结构设计计算，以满足新规范的要求，是每个设计人员都非常关心的问题。

2.1.1 完成整体参数的正确设定

开始计算以前，设计人员首先应根据规范、规程的具体规定和软件使用手册对参数意义的描述，以及工程的实际情况，对软件初始参数和特殊构件进行正确设置。但有几个参数是要经过一次试算后才能正确选取的。其关系到整体计算结果，必须首先确认其合理取值，才能保证后续计算结果的正确性。这些参数包括合理的振型组合数、最大地震力作用方向和结构基本周期、钢结构计算“有侧移”还是“无侧移”等。现将这几个参数分析如下：

1. 振型组合数的合理选取

振型组合数是软件在做抗震计算时考虑振型的数量。该值取值太小不能正确反映模型应当考虑的振型数量，使计算结果失真；取值太大，不仅浪费时间，还可能使计算结果发生畸变。《高层建筑混凝土结构技术规程》(JGJ 3—2010)第5.1.13－1条规定，抗震设计时，宜考虑平扭耦联计算结构的扭转效应，振型数不应小于15，对多塔楼结构的振型数不应小于塔楼数的9倍，且计算振型数应使各振型参与质量之和不小于总质量的90%。一般而言，振型数的多少与结构层数及结构自由度有关，当结构层数较多或结构层刚度突变较大时，振型数应当取得多些，如有弹性节点、多塔楼、转换层等结构形式时。

振型组合数是否取值合理，可以看软件计算书中 x、y 向的有效质量系数是否大于0.9。具体操作是，首先根据工程实际情况及设计经验预设一个振型数，计算后考察有效质量系数是否大于0.9，若小于0.9，可逐步加大振型个数，直到 x、y 两个方向的有效质量系数都大于0.9为止。

必须指出的是，结构的振型组合数并不是取的越大越好，其最大值不能超过结构的总自由度数。例如对采用刚性楼板假定的单塔结构，考虑扭转耦联作用时，其振型数不得超过结构层数的3倍。如果选取的振型数已经增加到结构层数的3倍，其有效质量系数仍不能满足要求，则不能再增加振型数，而应认真分析原因，考虑结构方案是否合理。

2. 最大地震力作用方向

地震沿着不同方向作用，结构地震反映的大小也各不相同，那么必然存在某个角度使得结构地震反应值最大，这个方向就是最不利地震作用方向。设计软件可以自动计算出最大地震力作用方向并在计算书中输出，设计人员如发现该角度绝对值大于15°，则应将该数值回填到软件的“水平力与整体坐标夹角”选项里并重新计算，以体现最不利地震作用方向的影响。

3. 结构基本周期

结构基本周期是计算风振(包括顺风向及横向风振)的重要指标。设计人员如果不能事先知道其准确值，可以保留软件的缺省值，待计算后从计算书中读取其值，再填入软件的“结构基本周期”选项，重新计算即可。

4. 钢结构工程采用“有侧移”还是“无侧移”

对于钢结构建筑，还应通过一次试算确定是采用“有侧移”还是“无侧移”对其进行计算。因为选择“有侧移”或“无侧移”计算关系到柱的计算长度系数如何选取的问题，对结构的用钢量有很大影响。

《高层民用建筑钢结构技术规程》(JGJ 99—1998)第5.2.11条规定：

(1)对于有支撑的结构，当层间位移角≤1/1000时(也就是说是强支撑时)，可以按无侧移结构考虑计算柱计算长度系数。

(2)对纯框架结构，或有支撑的结构，当层间位移角>1/1000时(也就是说是弱支撑时)，可以按有侧移结构考虑计算柱计算长度系数。

通过一次试算将这些对全局起控制作用的整体参数先行计算出来，正确设置，否则其后的计算结果与实际差别会很大。

2.1.2　确定整体结构的合理性

整体结构的科学性和合理性是新规范特别强调的内容。新规范用于控制结构整体性的主要指标有：周期比、位移比、刚度比、层间受剪承载力之比、刚重比、剪重比等。

1. 周期比

周期比是控制结构扭转效应的重要指标。它的目的是使抗侧力构件的平面布置更有效、更合理，使结构不至出现过大的扭转。也就是说，周期比不是要求结构足够结实，而是要求结构承载布局合理。《高层建筑混凝土结构技术规程》(JGJ 3—2010)第3.4.5条对结构扭转为主的第一自振周期 T_t 与平动为主的第一自振周期 T_1 之比的要求给出了规定。如果周期比不满足规范的要求，说明该结构的扭转效应明显，设计人员需要增加结构周边构件的刚度，降低结构中间构件的刚度，以增大结构的整体抗扭刚度。

设计软件通常不直接给出结构的周期比，需要设计人员根据计算书中的周期值自行判定第一扭转(平动)周期。以下介绍实用周期比计算方法：

(1)扭转周期与平动周期的判断：从计算书中找出所有扭转系数大于0.5的扭转周期，按周期值从大到小排列。同理，将所有平动系数大于0.5的平动周期值从大到小排列。

(2)第一周期的判断：从周期列队中选出数值最大的扭转(平动)周期，查看软件的“结构整体空间振动简图”，看该周期值所对应的振型的空间振动是否为整体振动，如果其仅仅引起局部振动，则不能作为第一扭转(平动)周期，要从队列中取出下一个周期进行考察，以此类推，直到选出不仅周期值较大而且其对应的振型为结构整体振动的值，即为第一扭转(平动)周期。

(3)周期比计算：将第一扭转周期值除以第一平动周期值即可。

2. 位移比(层间位移比)

位移比(层间位移比)是控制结构平面不规则性的重要指标。其限值在《建筑抗震设计规范》(GB 50011—2010)和《高层建筑混凝土结构技术规程》(JGJ 3—2010)中均有明确的规定,不再赘述。但需要指出的是,新规范中规定的位移比限值是按刚性板假定作出的,如果在结构模型中设定了弹性板,则必须在软件参数设置时选择"对所有楼层强制采用刚性楼板假定",以便计算出正确的位移比。在位移比满足要求后,再去掉"对所有楼层强制采用刚性楼板假定"的选择,以弹性楼板设定进行后续配筋计算。

此外,位移比的大小是判断结构是否规则的重要依据,对选择偶然偏心、单向地震、双向地震下的位移比,设计人员应正确选用。

3. 刚度比

刚度比是控制结构竖向不规则的重要指标。根据《建筑抗震设计规范》(GB 50011—2010)和《高层建筑混凝土结构技术规程》(JGJ 3—2010)的要求,软件提供了三种刚度比的计算方式,分别是"剪切刚度"、"剪弯刚度"和"地震力与相应的层间位移比"。正确认识这三种刚度比的计算方法和适用范围是刚度比计算的关键。

(1)剪切刚度主要用于底部大空间为一层的转换结构及对地下室嵌固条件的判定。

(2)剪弯刚度主要用于底部大空间为多层的转换结构。

(3)地震力与层间位移比是执行《建筑抗震设计规范》(GB 50011—2010)第3.4.4条和《高层建筑混凝土结构技术规程》(JGJ 3—2010)第3.4.5条的相关规定,通常绝大多数工程都可以用此法计算刚度比,这也是软件的缺省方式。

4. 层间受剪承载力之比

层间受剪承载力之比也是控制结构竖向不规则的重要指标。其限值可参考《建筑抗震设计规范》(GB 50011—2010)和《高层建筑混凝土结构技术规程》(JGJ 3—2010)的有关规定。

5. 刚重比

刚重比是结构刚度与重力荷载之比。它是控制结构整体稳定性的重要因素,也是影响重力二阶效应的主要参数。该值如果不满足要求,则可能引起结构失稳倒塌,应当引起设计人员的足够重视。

6. 剪重比

剪重比是抗震设计中非常重要的参数。规范之所以规定剪重比,主要是因为长周期作用下,地震影响系数下降较快,由此计算出来的水平地震作用下的结构效应可能太小。而对于长周期的结构,地震动态作用下的地面加速度和位移可能对结构具有更大的破坏作用,但采用振型分解法时无法对此作出准确的计算。因此,出于安全考虑,规范规定了各楼层水平地震力的最小值,该值如果不满足要求,则说明结构有可能出现比较明显的薄弱部位,必须进行调整。

除以上计算分析以外,设计软件还会按照规范的要求对整体结构地震作用进行调整,如最小地震剪力调整、特殊结构地震作用下内力调整、$0.2Q_0$ 调整、"强柱弱梁"、"强剪弱弯"、"强节点弱构件"调整等,因程序可以完成这些调整,就不再详述了。

2.1.3 对单构件作优化设计

前几步主要是对结构整体合理性的计算和调整,这一步则主要进行结构单个构件的内力和配筋计算，包括梁、柱、剪力墙轴压比计算和构件截面优化设计等。

(1)软件对钢筋混凝土梁计算显示超筋信息有以下情况：

①当梁的弯矩设计值 M 大于梁的极限承载弯矩 M_u 时，提示超筋。

②规范对混凝土受压区高度限制：

四级及非抗震：　　$\xi \leqslant \xi_b$

二、三级：　　$\xi \leqslant 0.35$（计算时取 $=0.3A_S$）

一级：　　$\xi \leqslant 0.25$（计算时取 $=0.5A_S$）

当 ξ 不满足以上要求时，程序提示超筋。

③《建筑抗震设计规范》(GB 50011—2010)：要求梁端纵向受拉钢筋的最大配筋率不宜大于2.5%，当大于此值时，提示超筋。

④混凝土梁斜截面计算要满足最小截面的要求，如不满足则提示超筋。

(2)剪力墙超筋分三种情况：

①剪力墙暗柱超筋：软件给出的暗柱最大配筋率是按照4%控制的，而各规范均要求剪力墙主筋的配筋面积以边缘构件方式给出，没有最大配筋率。所以程序给出的剪力墙超筋是警告信息，设计人员可以酌情考虑。

②剪力墙水平筋超筋则说明该结构抗剪能力不够，应予以调整。

③剪力墙连梁超筋大多数情况下是在水平地震力作用下抗剪不够。规范中规定允许对剪力墙连梁刚度进行折减，折减后的剪力墙连梁在地震作用下基本上都会出现塑性变形，即连梁开裂。设计人员在进行剪力墙连梁设计时，还应考虑其配筋是否满足正常状态下极限承载力的要求。

(3)柱轴压比计算：柱轴压比的计算在《高层建筑混凝土结构技术规程》(JGJ 3—2010)和《建筑抗震设计规范》(GB 50011—2010)中的规定并不完全一样，《建筑抗震设计规范》(GB 50011—2010)第6.3.6条规定，计算轴压比的柱轴力设计值既包括地震组合，也包括非地震组合，而《高层建筑混凝土结构技术规程》(JGJ 3—2010)第6.4.2条规定，计算轴压比的柱轴力设计值仅考虑地震作用组合下的柱轴力。软件在计算柱轴压比时，当工程考虑地震作用，程序仅取地震作用组合下的柱轴力设计值计算；当该工程不考虑地震作用时，程序才取非地震作用组合下的柱轴力设计值计算。因此设计人员会发现，对于同一个工程，计算地震力和不计算地震力其柱轴压比结果会不一样。

(4)剪力墙轴压比计算：为了控制在地震力作用下结构的延性，《高层建筑混凝土结构技术规程》(JGJ 3—2010)和《建筑抗震设计规范》(GB 50011—2010)对剪力墙均提出了轴压比的计算要求。需要指出的是，软件在计算短肢剪力墙轴压比时，是按单向计算的，这与《高层建筑混凝土结构技术规程》(JGJ 3—2010)中规定的短肢剪力墙轴压比按双向计算有所不同，设计人员可以酌情考虑。

(5)构件截面优化设计：计算结果不超筋，并不表示构件初始设置的截面和形状合理，设计人员还应进行构件优化设计，使构件在保证受力要求的条件下截面的大小和形状合理，并节省材料。但需要注意的是，在进行截面优化设计时，应以保证整体结构合理性为前提，因为构件截面的大小直接影响到结构的刚度，从而对整体结构的周期、位移、地震力等一系列参数产生影响，不可盲目减小构件截面尺寸，使结构整体安全性降低。

2.1.4　满足规范抗震措施的要求

在施工图设计阶段，还必须满足规范规定的抗震措施和抗震构造措施的要求。《混凝土结构设计规范》(GB 50010—2010)、《高层建筑混凝土结构技术规程》(JGJ 3—2010)和《建筑抗震设计规范》(GB 50011—2010)均对结构的抗震构造提出了非常详细的规定，这些措施是很多震害调查和抗震设计经验的总结，也是保证结构安全的最后一道防线，设计人员应该仔细阅读，不可麻痹大意。

(1)设计软件进行施工图配筋计算时，要求输入合理的归并系数、支座方式、钢筋选筋库等，如一次计算结果不满意，要进行多次试算和调整。

(2)生成施工图以前，要认真输入出图参数，如梁柱钢筋最小直径、框架顶角处配筋方式、梁挑耳形式、柱纵筋搭接方式，箍筋形式，钢筋放大系数等，以便生成符合需要的施工图。软件可以根据允许裂缝宽度自动选筋，还可以考虑支座宽度对裂缝宽度的影响。

(3)施工图生成以后，设计人员还应仔细验证各特殊或薄弱部位构件的最小纵筋直径、最小配筋率、最小配箍率、箍筋加密区长度、钢筋搭接锚固长度、配筋方式等是否满足规范规定的抗震措施要求。在规范中这一部分的要求往往是以黑体字写出，属于强制执行条文，万万不可以掉以轻心。

(4)最后设计人员还应根据工程的实际情况，对计算机生成的配筋结果做合理性审核，如钢筋排数、直径、架构等，如不符合工程需要或不便于施工，还要做最后的调整计算。

2.2　结构计算应注意的问题

2.2.1　高层建筑结构刚度

高层建筑应具有充分的刚度，结构设计中应使侧向刚度成为主要考虑的因素。就极限状态而论，必须限制水平位移，防止由于重力荷载大，在产生二阶 $p-\Delta$ 效应时使建筑物突然倒塌。对于正常使用极限状态，首先，必须将位移控制在一个合理的范围，使结构处于弹性状态，对混凝土结构还需要限制裂缝不超过规范的允许值；其次是保证非受力构件和重要设施完好；第三是结构必须具有足够的刚度，以防止动力运动较大时使人体产生不舒适的感觉。

为判断高层建筑的侧向刚度，较多国家采用的既简单又能比较准确反映结构侧向刚度的参数是“水平位移指标”，该指标为建筑顶端最大位移与建筑高度之比。此外，还有层间水平位移与层高之比。

建立水平位移指标的限值是一个重要的设计规定，但遗憾的是至今还没有一个可以被世界各国工程界广泛接受的限值。实际上各国采用的位移限值(包括在地震和风荷载作用下)大小差别非常大，通常在1/1000～1/200的范围内，同时有的国家对地震和风荷载的作用下的限值要求也不同，有的国家不区分地震和风荷载取统一限值。

2.2.2　高层建筑的舒适度

高层建筑结构一般都比较柔，在风荷载的作用下位移相对较大，如果建筑物在阵风的作用下出现较大的摆动，常常使人感觉不舒服，有时甚至无法忍受。研究表明，人体对风振加速度最为敏感,为了保证高层建筑在风荷载作用下人们能有一个良好的工作或居住环境,就需要对平行于风荷载作用方向与垂直于风荷载方向的最大加速度加以限制。

为提高使用质量,新版规范增加了对结构水平摆动、楼盖垂直颤动的限制条件,即提出了舒适度的要求。

《高层建筑混凝土结构技术规程》(JGJ 3—2010)第 3.7.6 条:房屋高度不小于150 m的高层混凝土建筑结构应满足风振舒适度要求。在现行国家标准《建筑结构荷载规范》(GB 50009)中规定的 10 年一遇的风荷载标准值作用下,结构顶点的顺风向和横风向振动最大加速度计算值不应超过表 2.1 的限值。结构顶点的顺风向和横风向振动最大加速度可按现行行业标准《高层民用建筑钢结构技术规程》(JGJ 99—98)的有关规定计算,也可通过风洞试验结果判断确定,计算时结构阻尼比宜取 0.01 ~ 0.02。

表 2.1　结构顶点风振加速度限值 a_{lim}

使用功能	$a_{lim}/(m \cdot s^{-2})$
住宅、公寓	0.15
办公、旅馆	0.25

注意:1. 阻尼比取值,对混凝土结构取 0.02;对混合结构根据房屋高度和结构类型取 0.01 ~ 0.02。

2. 计算时风荷载的重现期是 10 年,即取 10 年一遇的风荷载标准值作用下计算结构顶点的顺风向和横风向振动最大加速度。

楼板的颤动,一般是由于人们行走、运动或机械设备运行等产生的。有关楼板颤动对人体舒适度的影响,我国研究的还不是很多,美国、日本、加拿大、欧洲等一些国家对此进行过一些研究。

(1)《高层建筑混凝土结构技术规程》(JGJ 3—2010)第 3.7.7 规定,楼盖结构应具有适宜的舒适度。楼盖结构的竖向振动频率不宜小于 3 Hz,竖向振动加速度峰值不应超过表 2.2 的限值。楼盖结构竖向振动加速度可按本规程附录 A 计算。

表 2.2　楼盖竖向振动加速度限值

人员活动环境	峰值加速度限值/$(m \cdot s^{-2})$	
	竖向自振频率不大于 2 Hz	竖向自振频率不小于 4 Hz
住宅、办公	0.07	0.05
商场及室内连廊	0.22	0.15

注:楼盖结构竖向自振频率为 2 ~ 4 Hz 时,峰值加速度限值可按线性插值选取。

(2)对于有些场合需要控制组合楼板的颤动问题,不同的生活条件与工作条件对振动控制的要求是不一样的,振动与感觉及环境条件有关。比较理想的是应控制组合板的自振频率在 20 Hz 以上。一般当自振频率在 12 Hz 以下时,产生振动的可能性较大。因此,一般要求组合楼板的自振频率控制在 15 Hz 以上。目前组合板的自振周期一般按下列近似方法公式计算:

$$T = k\sqrt{w} \tag{2.1}$$

$$f = 1/T = 1/k\sqrt{w} \tag{2.2}$$

式中 T——组合楼板的自振周期(s)；

f——组合楼板的自振频率(Hz)；

w——永久荷载产生的挠度(cm)；

k——支撑条件系数，两端简支：$k=0.178$；两端固定：$k=0.175$；一端固定，一端简支：$k=0.177$。

(3)《高层民用建筑钢结构技术规程》(JGJ 99—1998)的第7.3.8条。

组合板的自振频率f可按下式估算，但不得小于15 Hz：

$$f = 1/T = 1/0.178\sqrt{w} \tag{2.3}$$

式中 w——永久荷载产生的挠度(cm)。

(4)《混凝土结构设计规范》(GB 50010—2010)规定：对有舒适度要求的楼盖结构，应进行竖向自振频率验算。

对混凝土楼盖结构应根据使用功能的要求进行竖向自振频率验算，并宜符合下列要求：

①住宅和公寓不宜低于5 Hz；

②办公楼和旅馆不宜低于4 Hz；

③大跨度公共建筑不宜低于3 Hz。

2.2.3 楼梯构件是否参与整体计算

发生强烈地震时，楼梯间是重要的紧急逃生竖向通道，楼梯间(包括楼梯板)的破坏会延误人员撤离及救援工作，从而造成严重伤亡。为此，新一轮规范修订时增加了楼梯间的抗震设计要求。对于框架结构，楼梯构件与主体结构整浇时，梯板起到斜撑的作用，对框架结构的刚度、承载力、规则性的影响比较大，应参与抗震整体计算。

《建筑抗震设计规范》(GB 50011—2010)第3.6.6条：计算模型的建立、必要的简化计算与处理，应符合结构的实际工作状况，计算中应考虑楼梯构件的影响。

《建筑抗震设计规范》(2008年版)局部修订时，注意到地震中楼梯的梯板具有斜撑的受力状态，增加了楼梯构件的计算要求；针对具体结构的不同、"考虑"的结果、楼梯构件的可能影响，然后区别对待，楼梯构件自身应计算抗震，但不必一律参与整体结构计算。

汶川5·12特大地震中被损坏建筑的一个特点是楼梯构件的破坏。

《建筑抗震设计规范》(2008年版)的3.6.6条：结构计算中应考虑楼梯构件的影响。本条规定主要考虑到楼梯的梯板等具有斜撑的受力状态，对结构的整体刚度有较明显的影响。以前的结构设计中计算分析模型一般是不输入楼梯构件的，原因有两个：一是工程师普遍认为楼梯构件对结构受力影响不大，通过构造措施就可以保证安全；二是结构设计软件没有提供楼梯参与整体分析的功能，若用通用有限元程序计算，斜板、梯梁和梯柱的输入和网格剖分较麻烦。

2.2.4 抗震设计时场地特征周期的合理选取

抗震设计用的地震系数曲线中，反映地震震级、震中距和场地类别等因素的下降段起点对应的周期值,简称特征周期。

特征周期应根据场地类别和设计地震分组按表2.3采用,计算罕遇地震作用时,特征周期应增加0.05 s。

表2.3　特征周期值　单位:s

设计地震分组	场地类别				
	I_0	I_1	Ⅱ	Ⅲ	Ⅳ
第一组	0.20(0.20)	0.25(0.20)	0.35(0.30)	0.45(0.40)	0.65(0.65)
第二组	0.25(0.20)	0.30(0.20)	0.40(0.30)	0.55(0.40)	0.75(0.65)
第三组	0.30(0.25)	0.35(0.25)	0.45(0.40)	0.65(0.55)	0.90(0.85)

注:括号内数值用于抗震加固工程,详见《建筑抗震鉴定标准》(GB 50023—2009)的规定。

2.2.5　多塔结构设计应注意的问题

(1)《高层建筑混凝土结构技术规程》(JGJ 3—2010)第5.1.14条:对多塔楼结构,宜按整体模型和各塔楼分开的模型分别计算,并采用较不利的结果进行结构设计。当塔楼周边的裙楼超过两跨时,分塔楼模型宜至少附带两跨的裙楼结构。

注意:本条为新增内容,增加了分塔楼模型计算要求。多塔楼结构振动形态复杂,整体模型计算有时不容易判断结果的合理性;辅以分塔楼模型计算分析,取二者的不利结果进行设计较为妥当。

(2)进行多塔结构计算时还应注意多塔结构周期比、位移比、层间位移验算问题。

对于同一大底盘的多塔(上部无连接或有连接但为弱连接)结构,如图2.1和图2.2所示,在与裙房交界处、与连廊交界处,需要将各个塔楼切开,只保留各单塔楼主体结构范围以内的部分,从而形成多个独立的单塔。对每个独立的单塔,依次调整控制其扭转效应、验算其周期比。

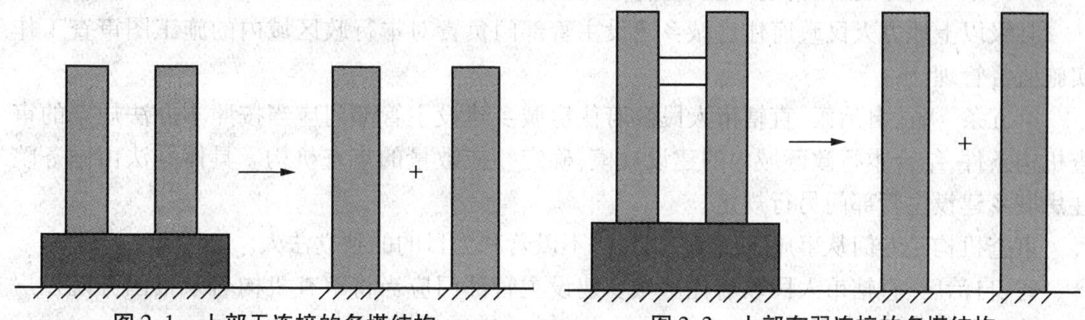

图2.1　上部无连接的多塔结构　　图2.2　上部有弱连接的多塔结构

对于上部有强连接的同基多塔结构,如果多塔结构存在足够强的上部连接,以至于这些连接能够使两个或多个塔楼形成整体的扭转振型,那么此时应进一步在分拆调整验算的基础上,将这几个塔楼作为一个整体(即看成一个复合的单塔)进行结构计算、进行周期比验算,如图2.3所示。

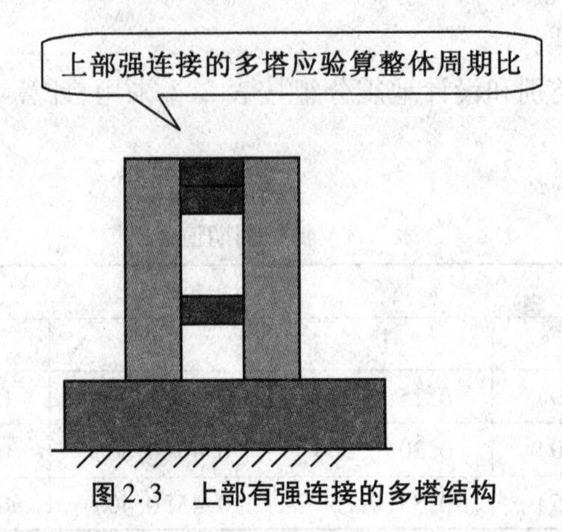

图 2.3 上部有强连接的多塔结构

2.3 主要审查文件

施工图审查中所依据的主要审查文件摘要如下：

1.《房屋建筑和市政基础设施工程施工图设计文件审查管理办法》(住房和城乡建设部令第 13 号)

第三条 国家实施施工图设计文件(含勘察文件,以下简称施工图)审查制度。

本办法所称施工图审查,是指施工图审查机构(以下简称审查机构)按照有关法律、法规,对施工图涉及公共利益、公众安全和工程建设强制性标准的内容进行的审查。施工图审查应当坚持先勘察、后设计的原则。

施工图未经审查合格的,不得使用。从事房屋建筑工程、市政基础设施工程施工、监理等活动,以及实施对房屋建筑和市政基础设施工程质量安全监督管理,应当以审查合格的施工图为依据。

第四条 国务院住房城乡建设主管部门负责对全国的施工图审查工作实施指导、监督。

县级以上地方人民政府住房城乡建设主管部门负责对本行政区域内的施工图审查工作实施监督管理。

第五条 省、自治区、直辖市人民政府住房城乡建设主管部门应当按照本办法规定的审查机构条件,结合本行政区域内的建设规模,确定相应数量的审查机构。具体办法由国务院住房城乡建设主管部门另行规定。

审查机构是专门从事施工图审查业务,不以营利为目的的独立法人。

省、自治区、直辖市人民政府住房城乡建设主管部门应当将审查机构名录报国务院住房城乡建设主管部门备案,并向社会公布。

第六条 审查机构按承接业务范围分两类,一类机构承接房屋建筑、市政基础设施工程施工图审查业务范围不受限制;二类机构可以承接中型及以下房屋建筑、市政基础设施工程的施工图审查。

房屋建筑、市政基础设施工程的规模划分,按照国务院住房城乡建设主管部门的有关规定执行。

第七条 一类审查机构应当具备下列条件:

（一）有健全的技术管理和质量保证体系。

（二）审查人员应当有良好的职业道德；有15年以上所需专业勘察、设计工作经历；主持过不少于5项大型房屋建筑工程、市政基础设施工程相应专业的设计或者甲级工程勘察项目相应专业的勘察；已实行执业注册制度的专业，审查人员应当具有一级注册建筑师、一级注册结构工程师或者勘察设计注册工程师资格，并在本审查机构注册；未实行执业注册制度的专业，审查人员应当具有高级工程师职称；近5年内未因违反工程建设法律法规和强制性标准受到行政处罚。

（三）在本审查机构专职工作的审查人员数量：从事房屋建筑工程施工图审查的，结构专业审查人员不少于7人，建筑专业不少于3人，电气、暖通、给排水、勘察等专业审查人员各不少于2人；从事市政基础设施工程施工图审查的，所需专业的审查人员不少于7人，其他必须配套的专业审查人员各不少于2人；专门从事勘察文件审查的，勘察专业审查人员不少于7人。

承担超限高层建筑工程施工图审查的，还应当具有主持过超限高层建筑工程或者100米以上建筑工程结构专业设计的审查人员不少于3人。

（四）60岁以上审查人员不超过该专业审查人员规定数的1/2。

（五）注册资金不少于300万元。

第八条　二类审查机构应当具备下列条件：

（一）有健全的技术管理和质量保证体系。

（二）审查人员应当有良好的职业道德；有10年以上所需专业勘察、设计工作经历；主持过不少于5项中型以上房屋建筑工程、市政基础设施工程相应专业的设计或者乙级以上工程勘察项目相应专业的勘察；已实行执业注册制度的专业，审查人员应当具有一级注册建筑师、一级注册结构工程师或者勘察设计注册工程师资格，并在本审查机构注册；未实行执业注册制度的专业，审查人员应当具有高级工程师职称；近5年内未因违反工程建设法律法规和强制性标准受到行政处罚。

（三）在本审查机构专职工作的审查人员数量：从事房屋建筑工程施工图审查的，结构专业审查人员不少于3人，建筑、电气、暖通、给排水、勘察等专业审查人员各不少于2人；从事市政基础设施工程施工图审查的，所需专业的审查人员不少于4人，其他必须配套的专业审查人员各不少于2人；专门从事勘察文件审查的，勘察专业审查人员不少于4人。

（四）60岁以上审查人员不超过该专业审查人员规定数的1/2。

（五）注册资金不少于100万元。

第九条　建设单位应当将施工图送审查机构审查，但审查机构不得与所审查项目的建设单位、勘察设计企业有隶属关系或者其他利害关系。送审管理的具体办法由省、自治区、直辖市人民政府住房城乡建设主管部门按照“公开、公平、公正”的原则规定。

建设单位不得明示或者暗示审查机构违反法律法规和工程建设强制性标准进行施工图审查，不得压缩合理审查周期、压低合理审查费用。

第十条　建设单位应当向审查机构提供下列资料并对所提供资料的真实性负责：

（一）作为勘察、设计依据的政府有关部门的批准文件及附件；

（二）全套施工图；

（三）其他应当提交的材料。

第十一条　审查机构应当对施工图审查下列内容：

（一）是否符合工程建设强制性标准；

（二）地基基础和主体结构的安全性；

（三）是否符合民用建筑节能强制性标准，对执行绿色建筑标准的项目，还应当审查是否符合绿色建筑标准；

（四）勘察设计企业和注册执业人员以及相关人员是否按规定在施工图上加盖相应的图章和签字；

（五）法律、法规、规章规定必须审查的其他内容。

第十二条　施工图审查原则上不超过下列时限：

（一）大型房屋建筑工程、市政基础设施工程为15个工作日，中型及以下房屋建筑工程、市政基础设施工程为10个工作日。

（二）工程勘察文件，甲级项目为7个工作日，乙级及以下项目为5个工作日。

以上时限不包括施工图修改时间和审查机构的复审时间。

第十三条　审查机构对施工图进行审查后，应当根据下列情况分别作出处理：

（一）审查合格的，审查机构应当向建设单位出具审查合格书，并在全套施工图上加盖审查专用章。审查合格书应当有各专业的审查人员签字，经法定代表人签发，并加盖审查机构公章。审查机构应当在出具审查合格书后5个工作日内，将审查情况报工程所在地县级以上地方人民政府住房城乡建设主管部门备案。

（二）审查不合格的，审查机构应当将施工图退建设单位并出具审查意见告知书，说明不合格原因。同时，应当将审查意见告知书及审查中发现的建设单位、勘察设计企业和注册执业人员违反法律、法规和工程建设强制性标准的问题，报工程所在地县级以上地方人民政府住房城乡建设主管部门。

施工图退建设单位后，建设单位应当要求原勘察设计企业进行修改，并将修改后的施工图送原审查机构复审。

第十四条　任何单位或者个人不得擅自修改审查合格的施工图；确需修改的，凡涉及本办法第十一条规定内容的，建设单位应当将修改后的施工图送原审查机构审查。

第十五条　勘察设计企业应当依法进行建设工程勘察、设计，严格执行工程建设强制性标准，并对建设工程勘察、设计的质量负责。

审查机构对施工图审查工作负责，承担审查责任。施工图经审查合格后，仍有违反法律、法规和工程建设强制性标准的问题，给建设单位造成损失的，审查机构依法承担相应的赔偿责任。

第十六条　审查机构应当建立、健全内部管理制度。施工图审查应当有经各专业审查人员签字的审查记录。审查记录、审查合格书、审查意见告知书等有关资料应当归档保存。

第十七条　已实行执业注册制度的专业，审查人员应当按规定参加执业注册继续教育。

未实行执业注册制度的专业，审查人员应当参加省、自治区、直辖市人民政府住房城乡建设主管部门组织的有关法律、法规和技术标准的培训，每年培训时间不少于40学时。

第十八条　按规定应当进行审查的施工图，未经审查合格的，住房城乡建设主管部门不得颁发施工许可证。

第十九条　县级以上人民政府住房城乡建设主管部门应当加强对审查机构的监督检查，

主要检查下列内容：

（一）是否符合规定的条件；

（二）是否超出范围从事施工图审查；

（三）是否使用不符合条件的审查人员；

（四）是否按规定的内容进行审查；

（五）是否按规定上报审查过程中发现的违法违规行为；

（六）是否按规定填写审查意见告知书；

（七）是否按规定在审查合格书和施工图上签字盖章；

（八）是否建立健全审查机构内部管理制度；

（九）审查人员是否按规定参加继续教育。

县级以上人民政府住房城乡建设主管部门实施监督检查时，有权要求被检查的审查机构提供有关施工图审查的文件和资料，并将监督检查结果向社会公布。

第二十条　审查机构应当向县级以上地方人民政府住房城乡建设主管部门报审查情况统计信息。

县级以上地方人民政府住房城乡建设主管部门应当定期对施工图审查情况进行统计，并将统计信息报上级住房城乡建设主管部门。

第二十一条　县级以上人民政府住房城乡建设主管部门应当及时受理对施工图审查工作中违法、违规行为的检举、控告和投诉。

第二十二条　县级以上人民政府住房城乡建设主管部门对审查机构报告的建设单位、勘察设计企业、注册执业人员的违法违规行为，应当依法进行查处。

第二十三条　审查机构列入名录后不再符合规定条件的，省、自治区、直辖市人民政府住房城乡建设主管部门应当责令其限期改正；逾期不改的，不再将其列入审查机构名录。

第二十四条　审查机构违反本办法规定，有下列行为之一的，由县级以上地方人民政府住房城乡建设主管部门责令改正，处3万元罚款，并记入信用档案；情节严重的，省、自治区、直辖市人民政府住房城乡建设主管部门不再将其列入审查机构名录：

（一）超出范围从事施工图审查的；

（二）使用不符合条件审查人员的；

（三）未按规定的内容进行审查的；

（四）未按规定上报审查过程中发现的违法违规行为的；

（五）未按规定填写审查意见告知书的；

（六）未按规定在审查合格书和施工图上签字盖章的；

（七）已出具审查合格书的施工图，仍有违反法律、法规和工程建设强制性标准的。

第二十五条　审查机构出具虚假审查合格书的，审查合格书无效，县级以上地方人民政府住房城乡建设主管部门处3万元罚款，省、自治区、直辖市人民政府住房城乡建设主管部门不再将其列入审查机构名录。

审查人员在虚假审查合格书上签字的，终身不得再担任审查人员；对于已实行执业注册制度的专业的审查人员，还应当依照《建设工程质量管理条例》第七十二条、《建设工程安全生产管理条例》第五十八条规定予以处罚。

第二十六条　建设单位违反本办法规定，有下列行为之一的，由县级以上地方人民政府住房城乡建设主管部门责令改正，处3万元罚款；情节严重的，予以通报：

（一）压缩合理审查周期的；

（二）提供不真实送审资料的；

（三）对审查机构提出不符合法律、法规和工程建设强制性标准要求的。

建设单位为房地产开发企业的，还应当依照《房地产开发企业资质管理规定》进行处理。

第二十七条　依照本办法规定，给予审查机构罚款处罚的，对机构的法定代表人和其他直接责任人员处机构罚款数额5%以上10%以下的罚款，并记入信用档案。

2.《建筑工程施工图设计文件审查暂行办法》（住房和城乡建设部[2000]41号）

第四条　本办法所称施工图审查是指国务院建设行政主管部门和省、自治区、直辖市人民政府建设行政主管部门，依照本办法认定的设计审查机构，根据国家的法律、法规、技术标准与规范，对施工图进行结构安全和强制性标准、规范执行情况等进行的独立审查。

第五条　建筑工程设计等级分级标准中的各类新建、改建、扩建的建筑工程项目均属审查范围。省、自治区、直辖市人民政府建设行政主管部门，可结合本地的实际，确定具体的审查范围。

第六条　建设单位应当将施工图报送建设行政主管部门，由建设行政主管部门委托有关审查机构，进行结构安全和强制性标准、规范执行情况等内容的审查。

第七条　施工图审查的主要内容：

（一）建筑物的稳定性、安全性审查，包括地基基础和主体结构体系是否安全、可靠；

（二）是否符合消防、节能、环保、抗震、卫生、人防等有关强制性标准、规范；

（三）施工图是否达到规定的深度要求；

（四）是否损害公众利益。

第八条　建设单位将施工图报建设行政主管部门审查时，还应同时提供下列资料：

（一）批准的立项文件或初步设计批准文件；

（二）主要的初步设计文件；

（三）工程勘察成果报告；

（四）结构计算书及计算软件名称。

第九条　为简化手续，提高办事效率，凡需进行消防、环保、抗震等专项审查的项目，应当逐步做到有关专业审查与结构安全性审查统一报送、统一受理；通过有关专项审查后，由建设行政主管部门统一颁发设计审查批准书。

第十条　审查机构应当在收到审查材料后20个工作日内完成审查工作，并提出审查报告；特级和一级项目应当在30个工作日内完成审查工作，并提出审查报告，其中重大及技术复杂项目的审查时间可适当延长。审查合格的项目，审查机构向建设行政主管部门提交项目施工图审查报告，由建设行政主管部门向建设单位通报审查结果，并颁发施工图审查批准书。对审查不合格的项目，提出书面意见后，由审查机构将施工图退回建设单位，并由原设计单位修改，重新送审。

施工图审查批准书，由省级建设行政主管部门统一印制，并报国务院建设行政主管部门备案。

第十一条　施工图审查报告的主要内容应当符合本办法第七条的要求，并由审查人员签字、审查机构盖章。

第十二条　凡应当审查而未经审查或者审查不合格的施工图项目,建设行政主管部门不得发放施工许可证,施工图也不得交付施工。

第十三条　施工图一经审查批准,不得擅自进行修改。如遇特殊情况需要进行涉及审查主要内容的修改时,必须重新报请原审批部门,由原审批部门委托审查机构审查后再批准实施。

第十四条　建设单位或者设计单位对审查机构作出的审查报告如有重大分歧时,可由建设单位或者设计单位向所在省、自治区、直辖市人民政府建设行政主管部门提出复查申请,由省、自治区、直辖市人民政府建设行政主管部门组织专家论证并作出复查结果。

第十五条　建筑工程竣工验收时,有关部门应当按照审查批准的施工图进行验收。

第十六条　建设单位要对报送建设行政主管部门的审查材料的真实性负责;勘察、设计单位对提交的勘察报告、设计文件的真实性负责,并积极配合审查工作。

建设行政主管部门对在勘察设计文件中弄虚作假的单位和个人将依法予以处罚。

第十七条　设计审查人员必须具备下列条件:

(一)具有10年以上结构设计工作经历,独立完成过五项二级以上(含二级)项目工程设计的一级注册结构工程师、高级工程师,年满35周岁,最高不超过65周岁;

(二)有独立工作能力,并有一定语言文字表达能力;

(三)有良好的职业道德。

上述人员经省级建设行政主管部门组织考核认定后,可以从事审查工作。

第十八条　设计审查机构的设立,应当坚持内行审查的原则。符合以下条件的机构方可申请承担设计审查工作:

(一)具有符合设计审查条件的工程技术人员组成的独立法人实体;

(二)有固定的工作场所,注册资金不少于20万元;

(三)有健全的技术管理和质量保证体系;

(四)地级以上城市(含地级市)的审查机构,具有符合条件的结构审查人员不少于6人;勘察、建筑和其他配套专业的审查人员不少于7人。县级城市的设计审查机构应具备的条件,由省级人民政府建设行政主管部门规定。

(五)审查人员应当熟练掌握国家和地方现行的强制性标准、规范。

第十九条　符合第十八条规定的直辖市、计划单列市、省会城市的设计审查机构,由省、自治区、直辖市建设行政主管部门初审后,报国务院建设行政主管部门审批,并颁发施工图设计审查许可证;其他城市的设计审查机构由省级建设行政主管部门审批,并颁发施工图设计审查许可证。取得施工图设计审查许可证的机构,方可承担审查工作。

首批通过建筑工程甲级资质换证的设计单位,申请承担设计审查工作时,建设行政主管部门应优先予以考虑。

已经过省、自治区、直辖市建设行政主管部门或计划单列市、省会城市建设行政主管部门批准设立的专职审查机构,按本办法做适当调整、充实,并取得施工图设计审查许可证后,可继续承担审查工作。

第二十条　施工图审查工作所需经费,由施工图审查机构向建设单位收取。具体取费标准由省、自治区、直辖市人民政府建设行政主管部门同当地有关部门确定。

第二十一条　施工图审查机构和审查人员应当依据法律、法规和国家与地方的技术标准认真履行审查职责。施工图审查机构应当对审查的图纸质量负相应的审查责任,但不代替设计单位承担设计质量责任。施工图审查机构不得对本单位,或与本单位有直接经济利益关系的单位完成的施工图进行审查。

审查人员要在审查过的图纸上签字。对玩忽职守、徇私舞弊、贪污受贿的审查人员和机构,由建设行政主管部门依法给予暂停或者吊销其审查资格,并处以相应的经济处罚。构成犯罪的,依法追究其刑事责任。

第3章　设计荷载

3.1　荷载取值问题

作用在结构上的荷载可分为永久荷载、可变荷载和偶然荷载三大类。永久荷载包括结构自重、土压力、预应力等;可变荷载包括楼面活荷载、屋面活荷载和积灰荷载、吊车荷载、风荷载、雪荷载、温度作用等;偶然荷载包括爆炸力、撞击力等。

在结构设计总说明中应分别注明作用在结构楼屋面各个部位或各个构件上的活荷载标准值。

3.1.1　永久荷载

(1)永久荷载应包括结构构件、围护结构、面层及装饰、固定设备、长期储物的自重,土压力、水压力,以及其他需要按永久荷载考虑的荷载。

(2)结构自重的标准值可按结构构件的设计尺寸与材料单位体积的自重计算确定。

(3)一般材料和构件的单位自重可取其平均值,对于自重变异较大的材料和构件,自重的标准值应根据对结构的不利或有利状态,分别取上限值或下限值。常用材料和构件单位体积的自重可按表3.1采用。

表3.1　常用材料和构件的自重表

项次	名称		自重	备注
1	木材/(kN·m^{-3})	杉木	4.0	随含水率而不同
		冷杉、云杉、红松、华山松、樟子松、铁杉、拟赤杨、红椿、杨木、枫杨	4.0~5.0	随含水率而不同
		马尾松、云南松、油松、赤松、广东松、桤木、枫香、柳木、檫木、秦岭落叶松、新疆落叶松	5.0~6.0	随含水率而不同
		东北落叶松、陆均松、榆木、桦木、水曲柳、苦楝、木荷、臭椿	6.0~7.0	随含水率而不同
		锥木(栲木)、石栎、槐木、乌墨	7.0~8.0	随含水率而不同
		青冈栎(楮木)、栎木(柞木)、桉树、木麻黄	8.0~9.0	随含水率而不同
		普通木板条、椽檩木料	5.0	随含水率而不同
		锯末	2.0~2.5	加防腐剂时为3 kN/m^3
		木丝板	4.0~5.0	—
		软木板	2.5	—
		刨花板	6.0	—

续表 3.1

项次	名称		自重	备注
2	胶合板材/(kN·m^{-3})	胶合三夹板(杨木)	0.019	—
		胶合三夹板(椴木)	0.022	—
		胶合三夹板(水曲柳)	0.028	—
		胶合五夹板(杨木)	0.030	—
		胶合五夹板(椴木)	0.034	—
		胶合五夹板(水曲柳)	0.040	—
		甘蔗板(按 10 mm 厚计)	0.030	常用厚度为 13 mm,15 mm,19 mm,25 mm
		隔声板(按 10 mm 厚计)	0.030	常用厚度为 13 mm,20 mm
		木屑板(按 10 mm 厚计)	0.120	常用厚度为 6 mm,10 mm
3	金属矿产/(kN·m^{-3})	锻铁	77.5	—
		铁矿渣	27.6	—
		赤铁矿	25.0~30.0	—
		钢	78.5	—
		紫铜、赤铜	89.0	—
		黄铜、青铜	85.0	—
		硫化铜矿	42.0	—
		铝	27.0	—
		铝合金	28.0	—
		锌	70.5	—
		亚锌矿	40.5	—
		铅	114.0	—
		方铅矿	74.5	—
		金	193.0	—
		白金	213.0	—
		银	105.0	—
		锡	73.5	—
		镍	89.0	—
		水银	136.0	—
		钨	189.0	—
		镁	18.5	—
		锑	66.6	—
		水晶	29.5	—

续表 3.1

项次	名称		自重	备注
3	金属矿产 /(kN·m^{-3})	硼砂	17.5	—
		硫矿	20.5	—
		石棉矿	24.6	—
		石棉	10.0	压实
		石棉	4.0	松散,含水量不大于 15%
		石垩(高岭土)	22.0	—
		石膏矿	25.5	—
		石膏	13.0 ~ 14.5	粗块堆放 $\varphi=30°$
				细块堆放 $\varphi=40°$
		石膏粉	9.0	—
4	土、砂、砂砾、岩石 /(kN·m^{-3})	腐殖土	15.0 ~ 16.0	干,$\varphi=40°$;湿,$\varphi=35°$;很湿,$\varphi=25°$
		黏土	13.5	干、松、空隙比为 1.0
		黏土	16.0	干,$\varphi=40°$,压实
		黏土	18.0	湿,$\varphi=35°$,压实
		黏土	20.0	很湿,$\varphi=25°$,压实
		砂土	12.2	干,松
		砂土	16.0	干,$\varphi=35°$,压实
		砂土	18.0	湿,$\varphi=35°$,压实
		砂土	20.0	很湿,$\varphi=25°$,压实
		砂土	14.0	干,细砂
		砂土	17.0	干,粗砂
		卵石	16.0 ~ 18.0	干
		黏土夹卵石	17.0 ~ 18.0	干,松
		砂夹卵石	15.0 ~ 17.0	干,松
		砂夹卵石	16.0 ~ 19.2	干,压实
		砂夹卵石	18.9 ~ 19.2	湿
		浮石	6.0 ~ 8.0	干
		浮石填充料	4.0 ~ 6.0	—
		砂岩	23.6	—
		页岩	28.0	—
		页岩	14.8	片石堆置
		泥灰石	14.0	$\varphi=40°$

续表 3.1

项次	名称		自重	备注
4	土、砂、砂砾、岩石 /(kN·m^{-3})	花岗岩、大理石	28.0	—
		花岗岩	15.4	片石堆置
		石灰石	26.4	—
		石灰石	15.2	片石堆置
		贝壳石灰岩	14.0	—
		白云石	16.0	片石堆置 $\varphi=48°$
		滑石	27.1	—
		火石(燧石)	35.2	—
		云斑石	27.6	—
		玄武岩	29.5	—
		长石	25.5	—
		角闪石、绿石	30.0	—
		角闪石、绿石	17.1	片石堆置
		碎石子	14.0~15.0	堆置
		岩粉	16.0	黏土质或石灰质的
		多孔黏土	5.0~8.0	作填充料用,$\varphi=35°$
		硅藻土填充料	4.0~6.0	—
		辉绿岩板	29.5	—
5	砖及砌块 /(kN·m^{-3})	普通砖	18.0	240 mm×115 mm×53 mm (684 块/m^3)
		普通砖	19.0	机器制
		缸砖	21.0~21.5	230 mm×110 mm×65 mm (609 块/m^3)
		红缸砖	20.4	—
		耐火砖	19.0~22.0	230 mm×110 mm×65 mm (609 块/m^3)
		耐酸瓷砖	23.0~25.0	230 mm×113 mm×65 mm (590 块/m^3)
		灰砂砖	18.0	砂:白灰=92:8
		煤渣砖	17.0~18.5	—
		矿渣砖	18.5	硬矿渣:烟灰:石灰=75:15:10
		焦渣砖	12.0~14.0	—

续表 3.1

项次	名称		自重	备注
5	砖及砌块 $/(kN \cdot m^{-3})$	烟灰砖	14.0～15.0	炉渣:电石渣:烟灰 = 30:40:30
		黏土坯	12.0～15.0	—
		锯末砖	9.0	—
		焦渣空心砖	10.0	290 mm×290 mm×140 mm（85 块/m^3）
		水泥空心砖	9.8	290 mm×290 mm×140 mm（85 块/m^3）
		水泥空心砖	10.3	300 mm×250 mm×110 mm（121 块/m^3）
		水泥空心砖	9.6	300 mm×250 mm×160 mm（83 块/m^3）
		蒸压粉煤灰砖	14.0～16.0	干重度
		陶粒空心砌块	5.0	长 600 mm、400 mm，宽 150 mm、250 mm，高 250 mm、200 mm
			6.0	390 mm×290 mm×190 mm
		粉煤灰轻渣空心砌块	7.0～8.0	390 mm×190 mm×190 mm、390 mm×240 mm×190 mm
		蒸压粉煤灰加气混凝土砌块	5.5	—
		混凝土空心小砌块	11.8	390 mm×190 mm×190 mm
		碎砖	12.0	堆置
		水泥花砖	19.8	200 mm×200 mm×24 mm（1042 块/m^3）
		瓷面砖	17.8	150 mm×150 mm×8 mm（5 556 块/m^3）
		陶瓷马赛克	0.12 kN/m^2	厚 5 mm
6	石灰、水泥、灰浆及混凝土 $/(kN \cdot m^{-3})$	生石灰块	11.0	堆置，$\varphi = 30°$
		生石灰粉	12.0	堆置，$\varphi = 35°$
		熟石灰膏	13.5	—
		石灰砂浆、混合砂浆	17.0	—
		水泥石灰焦渣砂浆	14.0	—
		石灰炉渣	10.0～12.0	—

续表 3.1

项次	名称		自重	备注
6	石灰、水泥、灰浆及混凝土/(kN·m^{-3})	水泥炉渣	12.0～14.0	—
		石灰焦渣砂浆	13.0	—
		灰土	17.5	石灰: 土 = 3:7,夯实
		稻草石灰泥	16.0	—
		纸筋石灰泥	16.0	—
		石灰锯末	3.4	石灰: 锯末 = 1:3
		石灰三合土	17.5	石灰、砂子、卵石
		水泥	12.5	轻质松散,$\varphi = 20°$
		水泥	14.5	散装,$\varphi = 30°$
		水泥	16.0	袋装压实,$\varphi = 40°$
		矿渣水泥	14.5	—
		水泥砂浆	20.0	—
		水泥蛭石砂浆	5.0～8.0	—
		石棉水泥浆	19.0	—
		膨胀珍珠岩砂浆	7.0～15.0	—
		石膏砂浆	12.0	—
		碎砖混凝土	18.5	—
		素混凝土	22.0～24.0	振捣或不振捣
		矿渣混凝土	20.0	—
		焦渣混凝土	16.0～17.0	承重用
		焦渣混凝土	10.0～14.0	填充用
		铁屑混凝土	28.0～65.0	—
		浮石混凝土	9.0～14.0	—
		沥青混凝土	20.0	—
		无砂大孔性混凝土	16.0～19.0	—
		泡沫混凝土	4.0～6.0	—
		加气混凝土	5.5～7.5	单块
		石灰粉煤灰加气混凝土	6.0～6.5	—
		钢筋混凝土	24.0～25.0	—
		碎砖钢筋混凝土	20.0	—
		钢丝网水泥	25.0	用于承重结构
		水玻璃耐酸混凝土	20.0～23.5	—
		粉煤灰陶砾混凝土	19.5	—

续表3.1

项次	名称		自重	备注
7	沥青、煤灰、油料 /(kN·m^{-3})	石油沥青	10.0~11.0	根据相对密度
		柏油	12.0	—
		煤沥青	13.4	—
		煤焦油	10.0	—
		无烟煤	15.5	整体
		无烟煤	9.5	块状堆放,$\varphi=30°$
		无烟煤	8.0	碎状堆放,$\varphi=35°$
		煤末	7.0	堆放,$\varphi=15°$
		煤球	10.0	堆放
		褐煤	12.5	—
		褐煤	7.0~8.0	堆放
		泥炭	7.5	—
		泥炭	3.2~3.4	堆放
		木炭	3.0~5.0	—
		煤焦	12.0	—
		煤焦	7.0	堆放,$\varphi=45°$
		焦渣	10.0	—
		煤灰	6.5	—
		煤灰	8.0	压实
		石墨	20.8	—
		煤蜡	9.0	—
		油蜡	9.6	—
		原油	8.8	—
		煤油	8.0	—
		煤油	7.2	桶装,相对密度0.82~0.89
		润滑油	7.4	—
		汽油	6.7	—
		汽油	6.4	桶装,相对密度0.72~0.76
		动物油、植物油	9.3	—
		豆油	8.0	大铁桶装,每桶360 kg
8	杂项 /(kN·m^{-3})	普通玻璃	25.6	
		钢丝玻璃	26.0	
		泡沫玻璃	3.0~5.0	

续表 3.1

项次		名称	自重	备注
8	杂项 /(kN·m^{-3})	玻璃棉	0.5~1.0	作绝缘层填充料用
		岩棉	0.5~2.5	
		沥青玻璃棉	0.8~1.0	导热系数0.035~0.047 [W/(m·K)]
		玻璃棉板(管套)	1.0~1.5	
		玻璃钢	14.0~22.0	
		矿渣棉	1.2~1.5	松散,导热系数0.031~0.044 [W/(m·K)]
		矿渣板制品(板、砖、管)	3.5~4.0	导热系数0.047~0.07 [W/(m·K)]
		沥青矿渣棉	1.2~1.6	导热系数0.041~0.052 [W/(m·K)]
		膨胀珍珠岩粉料	0.8~2.5	干,松散,导热系数0.052~0.076 [W/(m·K)]
		水泥珍珠岩制品、憎水珍珠岩制品	3.5~4.0	强度1 N/m^2;导热系数0.058~0.081 [W/(m·K)]
		膨胀蛭石	0.8~2.0	导热系数0.052~0.07 [W/(m·K)]
		沥青蛭石制品	3.5~4.5	导热系数0.81~0.105 [W/(m·K)]
		水泥蛭石制品	4.0~6.0	导热系数0.093~0.14 [W/(m·K)]
		聚氯乙烯板(管)	13.6~16.0	—
		聚苯乙烯泡沫塑料	0.5	导热系数不大于0.035 W/(m·K)
		石棉板	13.0	含水率不大于3%
		乳化沥青	9.8~10.5	—
		软性橡胶	9.30	—
		白磷	18.30	—
		松香	10.70	—
		磁	24.00	—
		酒精	7.85	100%纯
		酒精	6.60	桶装,相对密度0.79~0.82

续表3.1

项次	名称		自重	备注
8	杂项/(kN·m^{-3})	盐酸	12.00	浓度40%
		硝酸	15.10	浓度91%
		硫酸	17.90	浓度87%
		火碱	17.00	浓度60%
		氯化铵	7.50	袋装堆放
		尿素	7.50	袋装堆放
		碳酸氢铵	8.00	袋装堆放
		水	10.00	温度4 ℃密度最大时
		冰	8.96	—
		书籍	5.00	书架藏置
		道林纸	10.00	—
		报纸	7.00	—
		宣纸类	4.00	—
		棉花、棉纱	4.00	压紧平均重量
		稻草	1.20	—
		建筑碎料(建筑垃圾)	15.00	—
9	食品/(kN·m^{-3})	稻谷	6.00	$\varphi=35°$
		大米	8.50	散放
		豆类	7.50~8.00	$\varphi=20°$
		豆类	6.80	袋装
		小麦	8.00	$\varphi=25°$
		面粉	7.00	—
		玉米	7.80	$\varphi=28°$
		小米、高粱	7.00	散装
		小米、高粱	6.00	袋装
		芝麻	4.50	袋装
		鲜果	3.50	散装
		鲜果	3.00	箱装
		花生	2.00	袋装带壳
		罐头	4.50	箱装
		酒、酱、油、醋	4.00	成瓶箱装
		豆饼	9.00	圆饼放置,每块28 kg
		矿盐	10.0	成块

续表 3.1

项次	名称		自重	备注
9	食品 /(kN·m^{-3})	盐	8.60	细粒散放
		盐	8.10	袋装
		砂糖	7.50	散装
		砂糖	7.00	袋装
10	砌体 /(kN·m^{-3})	浆砌细方石	26.4	花岗石,方整石块
		浆砌细方石	25.6	石灰石
		浆砌细方石	22.4	砂岩
		浆砌毛方石	24.8	花岗石,上下面大致平整
		浆砌毛方石	24.0	石灰石
		浆砌毛方石	20.8	砂岩
		干砌毛石	20.8	花岗石,上下面大致平整
		干砌毛石	20.0	石灰石
		干砌毛石	17.6	砂岩
		浆砌普通砖	18.0	
		浆砌机砖	19.0	
		浆砌缸砖	21.0	
		浆砌耐火砖	22.0	
		浆砌矿渣砖	21.0	
		浆砌焦渣砖	12.5~14.0	
		土坯砖砌体	16.0	
		黏土砖空斗砌体	17.0	中填碎瓦砾,一眠一斗
		黏土砖空斗砌体	13.0	全斗
		黏土砖空斗砌体	12.5	不能承重
		黏土砖空斗砌体	15.0	能承重
		粉煤灰泡沫砌块砌体	8.0~8.5	粉煤灰:电石渣:废石膏=74:22:4
		三合土	17.0	灰:砂:土=1:1:9~1:1:4
11	隔墙与墙面 /(kN·m^{-3})	双面抹灰板条隔墙	0.9	每面抹灰厚16~24 mm,龙骨在内
		单面抹灰板条隔墙	0.5	灰厚16~24 mm,龙骨在内
		C形轻钢龙骨隔墙	0.27	两层12 mm纸面石膏板,无保温层
			0.32	两层12 mm纸面石膏板,中填岩棉保温板50 mm

续表3.1

项次	名称		自重	备注
11	隔墙与墙面/(kN·m^{-3})	C形轻钢龙骨隔墙	0.38	三层12 mm纸面石膏板，无保温层
			0.43	三层12 mm纸面石膏板，中填岩棉保温板50 mm
			0.49	四层12 mm纸面石膏板，无保温层
			0.54	四层12 mm纸面石膏板，中填岩棉保温板50 mm
		贴瓷砖墙面	0.50	包括水泥砂浆打底，共厚25 mm
		水泥粉刷墙面	0.36	20 mm厚,水泥粗砂
		水磨石墙面	0.55	25 mm厚,包括打底
		水刷石墙面	0.50	25 mm厚,包括打底
		石灰粗砂粉刷	0.34	20 mm厚
		剁假石墙面	0.50	25 mm厚,包括打底
		外墙拉毛墙面	0.70	包括25 mm水泥砂浆打底
12	屋架、门窗/(kN·m^{-3})	木屋架	$0.07+0.007l$	按屋面水平投影面积计算，跨度l以m计算
		钢屋架	$0.12+0.011l$	无天窗,包括支撑,按屋面水平投影面积计算，跨度l以m计算
		木框玻璃窗	0.20~0.30	—
		钢框玻璃窗	0.40~0.45	—
		木门	0.10~0.20	—
		钢铁门	0.40~0.45	—
13	屋顶/(kN·m^{-3})	黏土平瓦屋面	0.55	按实际面积计算,下同
		水泥平瓦屋面	0.50~0.55	—
		小青瓦屋面	0.90~1.10	—
		冷摊瓦屋面	0.50	—
		石板瓦屋面	0.46	厚6.3 mm
		石板瓦屋面	0.71	厚9.5 mm
		石板瓦屋面	0.96	厚12.1 mm
		麦秸泥灰顶	0.16	以10 mm厚计

续表 3.1

项次	名称		自重	备注
13	屋顶/$(kN\cdot m^{-3})$	石棉板瓦	0.18	仅瓦自重
		波形石棉瓦	0.20	1 820 mm×725 mm×8 mm
		镀锌薄钢板	0.05	24号
		瓦楞铁	0.05	26号
		彩色钢板波形瓦	0.12~0.13	0.6 mm厚彩色钢板
		拱形彩色钢板屋面	0.30	包括保温及灯具重 0.15 kN/m^3
		有机玻璃屋面	0.60	厚1.0 mm
		玻璃屋顶	0.30	9.5 mm夹丝玻璃，框架自重在内
		玻璃砖顶	0.65	框架自重在内
		油毡防水层(包括改性沥青防水卷材)	0.05	一层油毡刷油两遍
			0.25~0.30	四层做法，一毡二油上铺小石子
			0.30~0.35	六层做法，二毡三油上铺小石子
			0.35~0.40	八层做法，三毡四油上铺小石子
		捷罗克防水层	0.10	厚8 mm
		屋顶天窗	0.35~0.40	9.5 mm夹丝玻璃，框架自重在内
14	顶棚/$(kN\cdot m^{-3})$	钢丝网抹灰吊顶	0.45	—
		麻刀灰板条顶棚	0.45	吊木在内，平均灰厚20 mm
		砂子灰板条顶棚	0.55	吊木在内，平均灰厚25 mm
		苇箔抹灰顶棚	0.48	吊木龙骨在内
		松木板顶棚	0.25	吊木在内
		三夹板顶棚	0.18	吊木在内
		马粪纸顶棚	0.15	吊木及盖缝条在内
		木丝板吊顶棚	0.26	厚25 mm，吊木及盖缝条在内
		木丝板吊顶棚	0.29	厚30 mm，吊木及盖缝条在内
		隔声纸板顶棚	0.17	厚10 mm，吊木及盖缝条在内
		隔声纸板顶棚	0.18	厚13 mm，吊木及盖缝条在内
		隔声纸板顶棚	0.20	厚20 mm，吊木及盖缝条在内

续表3.1

项次	名称		自重	备注
14	顶棚 /(kN·m^{-3})	V形轻钢龙骨吊顶	0.12	一层9 mm纸面石膏板，无保温层
			0.17	二层9 mm纸面石膏板，有厚50 mm的岩棉板保温层
			0.20	二层9 mm纸面石膏板，无保温层
			0.25	二层9 mm纸面石膏板，有厚50 mm的岩棉板保温层
		V形轻钢龙骨及铝合金龙骨吊顶	0.10~0.12	一层矿棉吸声板厚15 mm，无保温层
		顶棚上铺焦渣锯末绝缘层	0.20	厚50 mm焦渣、锯末按1:5混合
15	地面 /(kN·m^{-3})	地板格栅	0.20	仅格栅自重
		硬木地板	0.20	厚25 mm，剪刀撑、钉子等自重在内，不包括格栅自重
		松木地板	0.18	—
		小瓷砖地面	0.55	包括水泥粗砂打底
		水泥花砖地面	0.60	砖厚25 mm，包括水泥粗砂打底
		水磨石地面	0.65	10 mm面层，20 mm水泥砂浆打底
		油地毡	0.02~0.03	油地纸，地板表面用
		木块地面	0.70	加防腐油膏铺砌厚76 mm
		菱苦土地面	0.28	厚20 mm
		铸铁地面	4.00~5.00	60 mm碎石垫层，60 mm面层
		缸砖地面	1.70~2.10	60 mm砂垫层，53 mm棉层，平铺
		缸砖地面	3.30	60 mm砂垫层，115 mm棉层，侧铺
		黑砖地面	1.50	砂垫层，平铺
16	建筑用压型钢板 /(kN·m^{-3})	单波型V-300(S-30)	0.120	波高173 mm，板厚0.8 mm
		双波型W-500	0.110	波高130 mm，板厚0.8 mm
		三波型V-200	0.135	波高70 mm，板厚1 mm
		多波型V-125	0.065	波高35 mm，板厚0.6 mm
		多波型V-115	0.079	波高35 mm，板厚0.6 mm

续表 3.1

项次	名称			自重	备注
17	建筑墙板 /(kN·m^{-3})	彩色钢板金属幕墙板		0.11	两层，彩色钢板厚 0.6 mm，聚苯乙烯芯材厚 25 mm
		金属绝热材料（聚氨酯）复合板		0.14	板厚 40 mm，钢板厚 0.6 mm
				0.15	板厚 60 mm，钢板厚 0.6 mm
				0.16	板厚 80 mm，钢板厚 0.6 mm
		彩色钢板夹聚苯乙烯保温板		0.12～0.15	两层，彩色钢板厚 0.6 mm，聚苯乙烯芯材厚（50～250）mm
		彩色钢板岩棉夹心板		0.24	板厚 100 mm，两层彩色钢板，Z 型龙骨岩棉芯材
				0.25	板厚 120 mm，两层彩色钢板，Z 型龙骨岩棉芯材
		GRC 增强水泥聚苯复合保温板		1.13	—
		GRC 空心隔墙板		0.30	长（2 400～2 800）mm，宽 600 mm，厚 60 mm
		GRC 内隔墙板		0.35	长（2 400～2 800）mm，宽 600 mm，厚 60 mm
		轻质 GRC 保温板		0.14	3 000 mm×600 mm×60 mm
		轻质 GRC 空心隔墙板		0.17	3 000 mm×600 mm×60 mm
		轻质大型墙板（太空板系列）		0.70～0.90	6 000 mm×1 500 mm×120 mm，高强水泥发泡芯材
		轻质条型墙板（太空板系列）	厚度 80 mm	0.40	标准规格 3 000 mm×1 000 mm×（1 200、1 500）mm 高强水泥发泡芯材，按不同檩距及荷载配有不同钢骨架及冷拔钢丝网
			厚度 100 mm	0.45	
			厚度 120 mm	0.50	
		GRC 墙板		0.11	厚 10 mm
		钢丝网岩棉夹芯复合板（GY 板）		1.10	岩棉芯材厚 50 mm，双面钢丝网水泥砂浆各厚 25 mm
		硅酸钙板		0.08	板厚 6 mm
				0.10	板厚 8 mm
				0.12	板厚 10 mm

续表3.1

项次	名称		自重	备注
17	建筑墙板/(kN·m^{-3})	泰柏板	0.95	板厚10 mm,钢丝网片夹聚苯乙烯保温层,每面抹水泥砂浆层20 mm
		蜂窝复合板	0.14	厚75 mm
		石膏珍珠岩空心条板	0.45	长(2 500~3 000)mm,宽600 mm,厚60 mm
		加强型水泥石膏聚苯保温板	0.17	3 000 mm×600 mm×60 mm
		玻璃幕墙	1.00~1.50	一般可按单位面积玻璃自重增大20%~30%采用

(4)固定隔墙的自重可按永久荷载考虑,位置可灵活布置的隔墙自重应按可变荷载考虑。

3.1.2 楼面和屋面活荷载

1.民用建筑楼面均布活荷载

(1)民用建筑楼面均布活荷载的标准值及其组合值系数、频遇值系数和准永久值系数的取值,不应小于表3.2的规定。

表3.2 民用建筑楼面均布活荷载标准值及其组合值、频遇值和准永久值系数

项次	类别	标准值/(kN·m^{-2})	组合值系数ψ_c	频遇值系数ψ_f	准永久值系数ψ_q
1	①住宅、宿舍、旅馆、办公楼、医院病房、托儿所、幼儿园	2.0	0.7	0.5	0.4
	②试验室、阅览室、会议室、医院门诊室	2.0	0.7	0.6	0.5
2	教室、食堂、餐厅、一般资料档案室	2.5	0.7	0.6	0.5
3	①礼堂、剧场、影院、有固定座位的看台	3.0	0.7	0.5	0.3
	②公共洗衣房	3.0	0.7	0.6	0.5
4	①商店、展览厅、车站、港口、机场大厅及其旅客等候室	3.5	0.7	0.6	0.5
	②无固定座位的看台	3.5	0.7	0.5	0.3
5	①健身房、演出舞台	4.0	0.7	0.6	0.5
	②运动场、舞厅	4.0	0.7	0.6	0.4
6	①书库、档案库、贮藏室 ②密集柜书库	5.0 12.0	0.9	0.9	0.8

续表 3.2

项次	类　别	标准值/(kN·m^{-2})	组合值系数ψ_c	频遇值系数ψ_f	准永久值系数ψ_q
7	通风机房、电梯机房	7.0	0.9	0.9	0.8
8	汽车通道及客车停车库： ①单向板楼盖(板跨不小于2 m)和双向板楼盖(板跨不小于3 m×3 m) 客车 消防车 ②双向板楼盖(板跨不小于6 m×6 m)和无梁楼盖(柱网不小于6 m×6 m) 客车 消防车	 4.0 35.0 2.5 20.0	 0.7 0.7 0.7 0.7	 0.7 0.5 0.7 0.5	 0.6 0.0 0.6 0.0
9	厨房： ①一般情况 ②餐厅	 2.0 4.0	 0.7 0.7	 0.6 0.7	 0.5 0.7
10	浴室、卫生间、盥洗室	2.5	0.7	0.6	0.5
11	走廊、门厅： ①宿舍、旅馆、医院病房、托儿所、幼儿园、住宅 ②办公楼、餐厅、医院门诊部 ③教学楼及其他可能出现人员密集的情况	 2.0 2.5 3.5	 0.7 0.7 0.7	 0.5 0.6 0.5	 0.4 0.5 0.3
12	楼梯： ①多层住宅 ②其他	 2.0 3.5	 0.7 0.7	 0.5 0.5	 0.4 0.3
13	阳台： ①一般情况 ②可能出现人员密集的情况	 2.5 3.5	 0.7	 0.6	 0.5

注：1. 本表所给各项活荷载适用于一般使用条件，当使用荷载较大、情况特殊或有专门要求时，应按实际情况采用；

2. 第6项书库活荷载当书架高度大于2 m时，书库活荷载尚应按每米书架高度不小于2.5 kN/m^2确定；

3. 第8项中的客车活荷载只适用于停放载人少于9人的客车；消防车活荷载是适用于满载总重为300 kN的大型车辆；当不符合本表的要求时，应将车轮的局部荷载按结构效应的等效原则，换算为等效均布荷载；

4. 第8项消防车活荷载，当双向板楼盖板跨介于3 m×3 m～6 m×6 m之间时，应按跨度线性插值确定。常用板跨消防车活荷载覆土厚度折减系数不应小于《建筑结构荷载规范》(GB 50009—2012)附录B规定的值；

5. 第12项楼梯活荷载，对预制楼梯踏步平板，尚应按1.5 kN集中荷载验算；

6. 本表各项荷载不包括隔墙自重和二次装修荷载。对固定隔墙的自重应按永久荷载考虑，当隔墙位置可灵活自由布置时，非固定隔墙的自重应取不小于1/3的每延长米墙厚(kN/m)作为楼面活荷载的附加值(kN/m^2)计入，且附加值不应小于1.0 kN/m^2。

(2)设计楼面梁、墙、柱及基础时,表3.2中楼面活荷载标准值的折减系数取值不应小于下列规定:

①设计楼面梁时:

a.第1①项当楼面梁从属面积超过25 m^2 时,应取0.9;

b.第1② ~7项当楼面梁从属面积超过50 m^2 时,应取0.9;

c.第8项对单向板楼盖的次梁和槽形板的纵肋应取0.8,对单向板楼盖的主梁应取0.6,对双向板楼盖的梁应取0.8;

d.第9 ~13项应采用与所属房屋类别相同的折减系数。

②设计墙、柱和基础时:

a.第1①项应按表3.3规定采用;

b.第1② ~7项应采用与其楼面梁相同的折减系数;

c.第8项的客车,对单向板楼盖应取0.5,对双向板楼盖和无梁楼盖应取0.8;

d.第9 ~13项应采用与所属房屋类别相同的折减系数。

注:楼面梁的从属面积应按梁两侧各延伸二分之一梁间距的范围内的实际面积确定。

表3.3　活荷载按楼层的折减系数

墙、柱、基础计算截面以上的层数	1	2 ~3	4 ~5	6 ~8	9 ~20	>20
计算截面以上各楼层活荷载总和的折减系数	1.00(0.90)	0.85	0.70	0.65	0.60	0.55

注:当楼面梁的从属面积超过25 m^2 时,应采用括号内的系数。

2.屋面活荷载

(1)房屋建筑的屋面,其水平投影面上的屋面均布活荷载的标准值及其组合值系数、频遇值系数和准永久值系数的取值,不应小于表3.4的规定。

表3.4　屋面均布活荷载标准值及其组合值系数、频遇值系数和准永久值系数

项次	类别	标准值/($kN \cdot m^{-2}$)	组合值系数 ψ_c	频遇值系数 ψ_f	准永久值系数 ψ_q
1	不上人的屋面	0.5	0.7	0.5	0
2	上人的屋面	2.0	0.7	0.5	0.4
3	屋顶花园	3.0	0.7	0.6	0.5
4	屋顶运动场地	3.0	0.7	0.6	0.4

注:1.不上人的屋面,当施工或维修荷载较大时,应按实际情况采用;对不同结构应按有关设计规范的规定采用,但不得低于0.3 kN/m^2;

2.上人的屋面,当兼作其他用途时,应按相应楼面活荷载采用;

3.对于因屋面排水不畅、堵塞等引起的积水荷载,应采取构造措施加以防止;必要时,应按积水的可能深度确定屋面活荷载;

4.屋顶花园活荷载不包括花圃土石等材料自重。

(2)屋面直升机停机坪荷载应按下列规定采用:

①屋面直升机停机坪荷载应按局部荷载考虑,或根据局部荷载换算为等效均布荷载考虑。局部荷载标准值应按直升机实际最大起飞重量确定,当没有机型技术资料时,可按

表3.5的规定选用局部荷载标准值及作用面积。

表3.5 屋面直升机停机坪局部荷载标准值及作用面积

类型	最大起飞质量/t	局部荷载标准值/kN	作用面积
轻型	2	20	0.20 m×0.20 m
中型	4	40	0.25 m×0.25 m
重型	6	60	0.30 m×0.30 m

②屋面直升机停机坪的等效均布荷载标准值不应低于5.0 kN/m^2。

③屋面直升机停机坪荷载的组合值系数应取0.7,频遇值系数应取0.6,准永久系数应取0。

(3)不上人的屋面均布活荷载,可不与雪荷载和风荷载同时组合。

3.屋面积灰荷载

(1)设计生产中有大量排灰的厂房及其邻近建筑时,对于具有一定除尘设施和保证清灰制度的机械、冶金、水泥等的厂房屋面,其水平投影面上的屋面积灰荷载,应分别按表3.6和表3.7采用。

表3.6 屋面积灰荷载

<table>
<tr><th rowspan="3">项次</th><th rowspan="3">类 别</th><th colspan="3">标准值/(kN·m^{-2})</th><th rowspan="3">组合值系数ψ_c</th><th rowspan="3">频遇值系数ψ_f</th><th rowspan="3">准永久值系数ψ_q</th></tr>
<tr><th rowspan="2">屋面无挡风板</th><th colspan="2">屋面有挡风板</th></tr>
<tr><th>挡风板内</th><th>挡风板外</th></tr>
<tr><td>1</td><td>机械厂铸造车间(冲天炉)</td><td>0.50</td><td>0.75</td><td>0.30</td><td rowspan="8">0.9</td><td rowspan="8">0.9</td><td rowspan="8">0.8</td></tr>
<tr><td>2</td><td>炼钢车间(氧气转炉)</td><td>—</td><td>0.75</td><td>0.30</td></tr>
<tr><td>3</td><td>锰、铬铁合金车间</td><td>0.75</td><td>1.00</td><td>0.30</td></tr>
<tr><td>4</td><td>硅、钨铁合金车间</td><td>0.30</td><td>0.50</td><td>0.30</td></tr>
<tr><td>5</td><td>烧结室、一次混合室</td><td>0.50</td><td>1.00</td><td>0.20</td></tr>
<tr><td>6</td><td>烧结厂通廊及其他车间</td><td>0.30</td><td>—</td><td>—</td></tr>
<tr><td>7</td><td>水泥厂有灰源车间(窑房、磨房、联合贮库、烘干房、破碎房)</td><td>1.00</td><td>—</td><td>—</td></tr>
<tr><td>8</td><td>水泥厂无灰源车间(空气压缩机站、机修间、材料库、配电站)</td><td>0.50</td><td>—</td><td>—</td></tr>
</table>

注:1.表中的积灰均布荷载,仅应用于屋面坡度α不大于25°;当α大于45°时,可不考虑积灰荷载;当α在25°~45°范围内时,可按插值法取值;

2.清灰设施的荷载另行考虑;

3.对第1~4项的积灰荷载,仅应用于距烟囱中心20 m半径范围内的屋面;当邻近建筑在该范围内时,其积灰荷载对第1、3、4项应按车间屋面无挡风板的采用,对第2项应按车间屋面挡风板外的采用。

表3.7 高炉邻近建筑的屋面积灰荷载

<table>
<tr><td rowspan="3">高炉容积</td><td colspan="3">标准值/(kN·m^{-2})</td><td rowspan="3">组合值系数 ψ_c</td><td rowspan="3">频遇值系数 ψ_f</td><td rowspan="3">准永久值系数 ψ_q</td></tr>
<tr><td colspan="3">屋面离高炉距离/m</td></tr>
<tr><td>≤50</td><td>100</td><td>200</td></tr>
<tr><td><255</td><td>0.50</td><td>—</td><td>—</td><td rowspan="3">.0</td><td rowspan="3">1.0</td><td rowspan="3">1.0</td></tr>
<tr><td>255～620</td><td>0.75</td><td>0.30</td><td>—</td></tr>
<tr><td>>620</td><td>1.00</td><td>0.50</td><td>0.30</td></tr>
</table>

注:1. 表3.6中的注1和注2也适用本表;

2. 当邻近建筑屋面离高炉距离为表内中间值时,可按插入法取值。

(2)对于屋面上易形成灰堆处,当设计屋面板、檩条时,积灰荷载标准值宜乘以下列规定的增大系数:

①在高低跨处两倍于屋面高差但不大于6.0 m的分布宽度内取2.0。

②在天沟处不大于3.0 m的分布宽度内取1.4。

(3)积灰荷载应与雪荷载或不上人的屋面均布活荷载两者中的较大值同时考虑。

4.施工和检修荷载及栏杆荷载

(1)施工和检修荷载应按下列规定采用:

①设计屋面板、檩条、钢筋混凝土挑檐、悬挑雨篷和预制小梁时,施工或检修集中荷载标准值不应小于1.0 kN,并应在最不利位置处进行验算。

②对于轻型构件或较宽的构件,应按实际情况验算,或应加垫板、支撑等临时设施。

③计算挑檐、悬挑雨篷的承载力时,应沿板宽每隔1.0 m取一个集中荷载;在验算挑檐、悬挑雨篷的倾覆时,应沿板宽每隔2.5～3.0 m取一个集中荷载。

(2)楼梯、看台、阳台和上人屋面等的栏杆活荷载标准值,不应小于下列规定:

①住宅、宿舍、办公楼、旅馆、医院、托儿所、幼儿园,栏杆顶部的水平荷载应取1.0kN/m。

②学校、食堂、剧场、电影院、车站、礼堂、展览馆或体育场,栏杆顶部的水平荷载应取1.0 kN/m,竖向荷载应取1.2 kN/m,水平荷载与竖向荷载应分别考虑。

(3)施工荷载、检修荷载及栏杆荷载的组合值系数应取0.7,频遇值系数应取0.5,准永久系数应取0。

3.1.3 吊车荷载

(1)吊车竖向荷载标准值,应采用吊车的最大轮压或最小轮压。

(2)吊车纵向和横向水平荷载,应按下列规定采用:

①吊车纵向水平荷载标准值,应按作用在一边轨道上所有刹车轮的最大轮压之和的10%采用;该项荷载的作用点位于刹车轮与轨道的接触点,其方向与轨道方向一致。

②吊车横向水平荷载标准值,应取横行小车质量与额定起重量之和的百分数,并应乘以重力加速度,吊车横向水平荷载标准值的百分数应按表3.8采用。

表3.8 吊车横向水平荷载标准值的百分数

吊车类型	额定起重量/t	百分数/%
软钩吊车	≤10	12
	16~50	10
	≥75	8
硬钩吊车		20

③吊车横向水平荷载应等分于桥架的两端,分别由轨道上的车轮平均传至轨道,其方向与轨道垂直,并应考虑正反两个方向的刹车情况。

注:1.悬挂吊车的水平荷载应由支撑系统承受;设计该支撑系统时,尚应考虑风荷载与悬挂吊车水平荷载的组合;

2.手动吊车及电动葫芦可不考虑水平荷载。

(3)计算排架时,多台吊车的竖向荷载和水平荷载的标准值,应乘以表3.9中规定的折减系数。

表3.9 多台吊车的荷载折减系数

参与组合的吊车台数	吊车工作级别	
	A1~A5	A6~A8
2	0.9	0.95
3	0.85	0.90
4	0.8	0.85

注:对于多层吊车的单跨或多跨厂房,计算排架时,参与组合的吊车台数及荷载的折减系数,应按实际情况考虑。

(4)当计算吊车梁及其连接的承载力时,吊车竖向荷载应乘以动力系数。对悬挂吊车(包括电动葫芦)及工作级别A1~A5的软钩吊车,动力系数可取1.05;对工作级别为A6~A8的软钩吊车、硬钩吊车和其他特种吊车,动力系数可取为1.1。

(5)吊车荷载的组合值、频遇值及准永久值系数可按表3.10中的规定采用。

表3.10 吊车荷载的组合值、频遇值及准永久值系数

吊车工作级别		组合值系数 ψ_c	频遇值系数 ψ_f	准永久值系数 ψ_q
软钩吊车	工作级别A1~A3	0.7	0.6	0.5
	工作级别A4、A5	0.7	0.7	0.6
	工作级别A6、A7	0.7	0.7	0.7
硬钩吊车及工作级别A8的软钩吊车		0.95	0.95	0.95

(6)厂房排架设计时,在荷载准永久组合中可不考虑吊车荷载;但在吊车梁按正常使用极限状态设计时,宜采用吊车荷载的准永久值。

3.1.4　雪荷载

(1)屋面水平投影面上的雪荷载标准值应按下式计算：

$$s_k = \mu_r s_0 \tag{3.1}$$

式中　s_k——雪荷载标准值(kN/m^2)；

μ_r——屋面积雪分布系数；

s_0——基本雪压(kN/m^2)。

(2)基本雪压应采用按《建筑结构荷载规范》(GB 50009—2012)规定的方法确定的 50 年重现期的雪压；对雪荷载敏感的结构，应采用 100 年重现期的雪压。

(3)屋面积雪分布系数应根据不同类别的屋面形式，按表 3.11 采用。

表 3.11　屋面积雪分布系数

<table>
<tr><th>项次</th><th>类别</th><th>屋面形式及积雪分布系数 μ_r</th><th>备注</th></tr>
<tr><td>1</td><td>单跨单坡屋面</td><td>μ_r
α
<table><tr><td>α</td><td>≤25°</td><td>30°</td><td>35°</td><td>40°</td><td>45°</td><td>50°</td><td>55°</td><td>≥60°</td></tr><tr><td>μ_r</td><td>1.0</td><td>0.85</td><td>0.7</td><td>0.55</td><td>0.1</td><td>0.25</td><td>0.1</td><td>0</td></tr></table></td><td></td></tr>
<tr><td>2</td><td>单跨双坡屋面</td><td>均匀分布的情况　μ_r
不均匀分布的情况　$0.75\mu_r$　$1.25\mu_r$
α</td><td>μ_r 按第 1 项规定采用</td></tr>
<tr><td>3</td><td>拱形屋面</td><td>均匀分布的情况　μ_r
不均匀分布的情况　$0.5\mu_{r,m}$　$\mu_{r,m}$
$l_c/4$　$l_c/4$　$l_c/4$　$l_c/4$
l_c
$\mu_r = l/(8f)$
$(0.4 \leqslant \mu_r \leqslant 1.0)$
60°　f
l
$\mu_{r,m} = 0.2 + 10f/l\ (\mu_{r,m} \leqslant 2.0)$</td><td></td></tr>
</table>

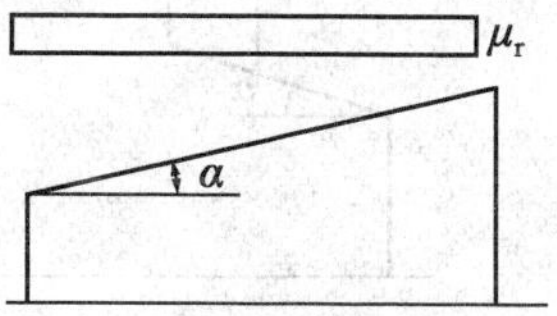

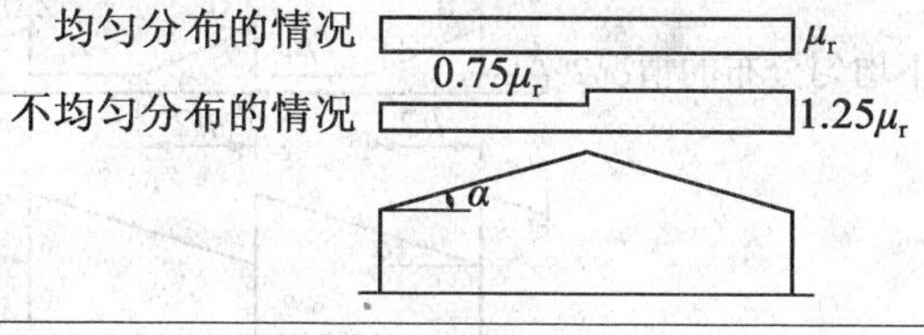

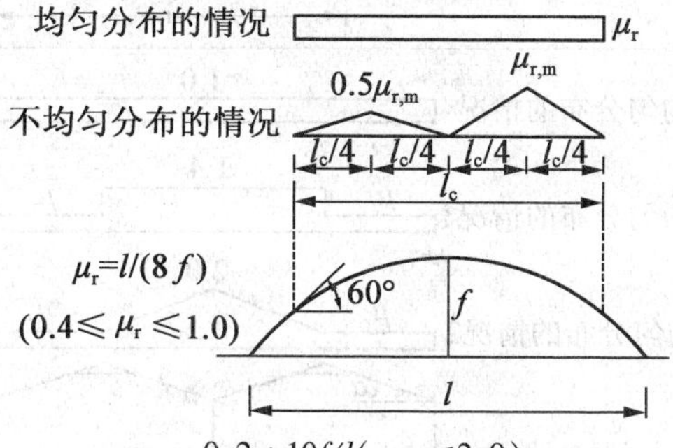

续表 3.11

项次	类别	屋面形式及积雪分布系数 μ_r	备注
4	带天窗的坡屋面	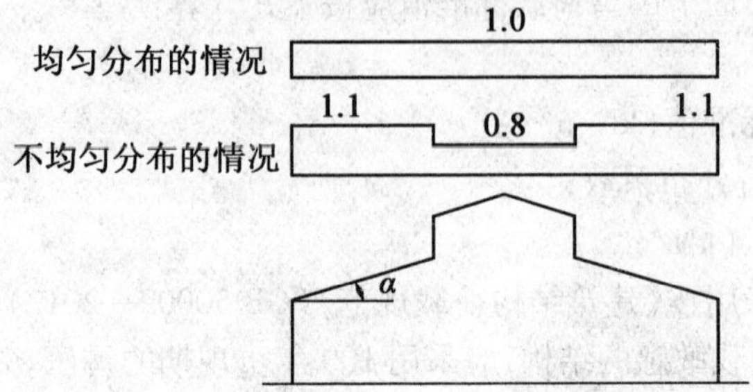 均匀分布的情况 1.0 不均匀分布的情况 1.1 0.8 1.1 α	—
5	带天窗有挡风板的坡屋面	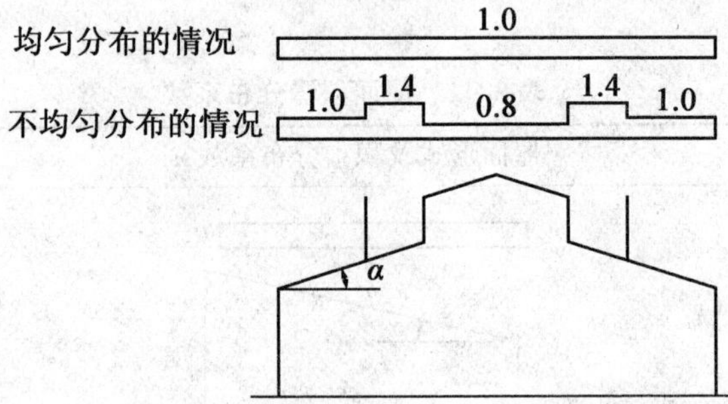 均匀分布的情况 1.0 不均匀分布的情况 1.0 1.4 0.8 1.4 1.0 α	—
6	多跨单坡屋面（锯齿形屋面）	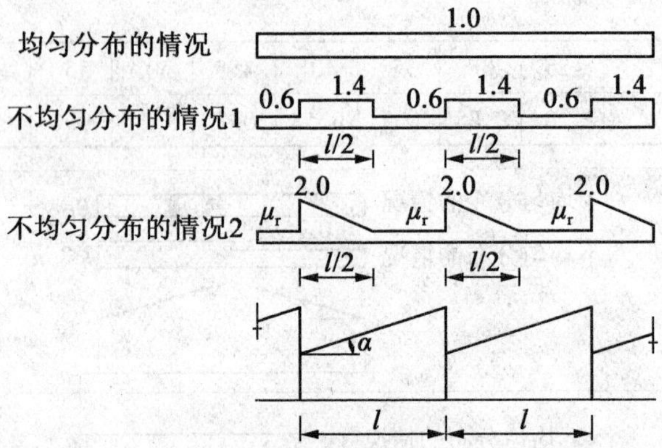 均匀分布的情况 1.0 不均匀分布的情况1 0.6 1.4 0.6 1.4 0.6 1.4 $l/2$ $l/2$ 不均匀分布的情况2 2.0 2.0 2.0 μ_r μ_r μ_r $l/2$ $l/2$ α l l	μ_r 按第 1 项规定采用
7	双跨双坡或拱形屋面	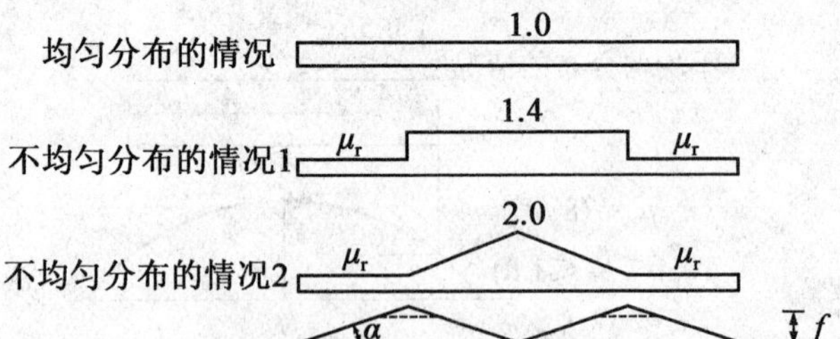 均匀分布的情况 1.0 不均匀分布的情况1 μ_r 1.4 μ_r 不均匀分布的情况2 μ_r 2.0 μ_r α f l l	μ_r 按第 1 或 3 项规定采用

续表 3.11

项次	类别	屋面形式及积雪分布系数 μ_r	备注
8	高低屋面	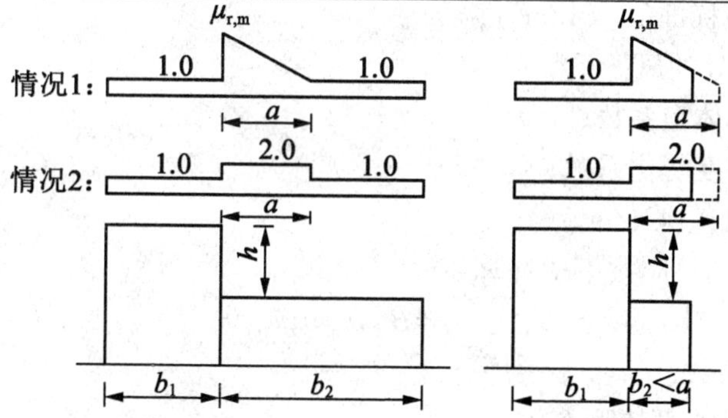 情况1：$\mu_{r,m}$ 1.0 1.0 a；$\mu_{r,m}$ 1.0 a 情况2：1.0 2.0 1.0 a；1.0 2.0 a h b_1 b_2；h b_1 $b_2<a$ $a=2h(4\ \mathrm{m}<a<8\ \mathrm{m})$ $\mu_{r,m}=(b_1+b_2)/2h(2.0\leqslant\mu_{r,m}\leqslant4.0)$	—
9	有女儿墙及其他突起物的屋面	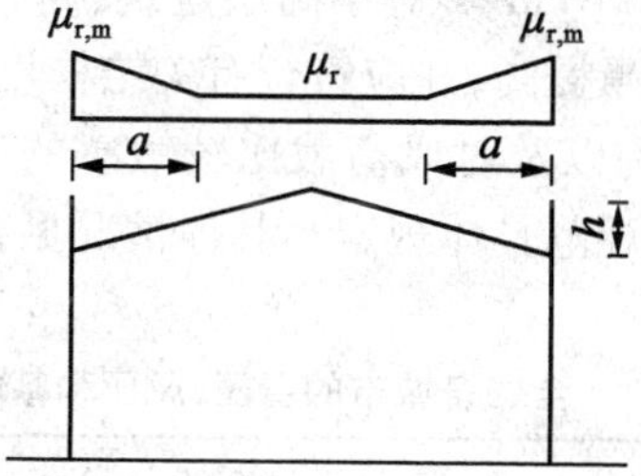 $\mu_{r,m}$ μ_r $\mu_{r,m}$ a a h $a=2h$ $\mu_{r,m}1.5h/s_0(1.0\leqslant\mu_{r,m}\leqslant2.0)$	—
10	大跨屋面（$l>100$ m）	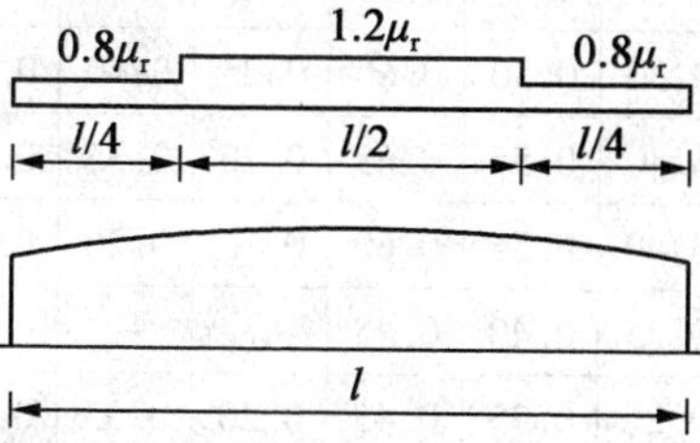 $0.8\mu_r$ $1.2\mu_r$ $0.8\mu_r$ $l/4$ $l/2$ $l/4$ l	1. 还应同时考虑第 2 项、第 3 项的积雪分布； 2. μ_r 按第 1 或第 3 项规定采用

注：1. 第 2 项单跨双坡屋面仅当坡度 α 在 20°～30°范围时，可采用不均匀分布情况；

2. 第 4、5 项只适用于坡度 α 不大于 25°的一般工业厂房屋面；

3. 第 7 项双跨双坡或拱形屋面，当 α 不大于 25°或 f/l 不大于 0.1 时，只采用均匀分布情况；

4. 多跨屋面的积雪分布系数，可参照第 7 项的规定采用。

（4）设计建筑结构及屋面的承重构件时，应按下列规定采用积雪的分布情况：

①屋面板和檩条按积雪不均匀分布的最不利情况采用。

②屋架和拱壳应分别按全跨积雪的均匀分布、不均匀分布和半跨积雪的均匀分布按最不利情况采用。

③框架和柱可按全跨积雪的均匀分布情况采用。

3.1.5　风荷载

（1）垂直于建筑物表面上的风荷载标准值，应按下列规定确定：

①计算主要受力结构时，应按下式计算：

$$w_k = \beta_z \mu_s \mu_z w_0 \tag{3.2}$$

式中　w_k——风荷载标准值（kN/m^2）；

β_z——高度 z 处的风振系数；

μ_s——风荷载体型系数；

μ_z——风压高度变化系数；

w_0——基本风压（kN/m^2）。

②计算围护结构时，应按下式计算：

$$w_k = \beta_{gz} \mu_{s1} \mu_z w_0 \tag{3.3}$$

式中　β_{gz}处的阵风系数；

μ_{s1}——风荷载局部体型系数。

（2）基本风压应采用按《建筑结构荷载规范》（GB 50009—2012）规定的方法确定的50年重现期的风压，但不得小于0.3 kN/m^2。对于高层建筑、高耸结构以及对风荷载比较敏感的其他结构，基本风压的取值应适当提高，并应符合有关结构设计规范的规定。

（3）对于高层建筑、高耸结构以及对风荷载比较敏感的其他结构，基本风压的取值应适当提高，并应由有关的结构设计规范具体规定。其他情况见表3.12，但不得小于0.3 kN/m^2。

表3.12　全国各城市的雪压、风压和基本气温

省市名	城市名	海拔高度/m	风压/（$kN \cdot m^{-2}$）			雪压/（$kN \cdot m^{-2}$）			基本气温/℃		雪荷载准永久值系数分区
			$R=10$	$R=50$	$R=100$	$R=10$	$R=50$	$R=100$	最低	最高	
北京	北京市	54.0	0.30	0.45	0.50	0.25	0.40	0.45	-13	36	Ⅱ
天津	天津市	3.3	0.30	0.50	0.60	0.25	0.40	0.45	-12	35	Ⅱ
	塘沽	3.2	0.40	0.55	0.65	0.20	0.35	0.40	-12	35	Ⅱ
上海	上海市	2.8	0.40	0.55	0.60	0.10	0.20	0.25	-4	36	Ⅲ
重庆	重庆市	259.1	0.25	0.40	0.45	—	—	—	1	37	—
	奉节	607.3	0.25	0.35	0.45	0.20	0.35	0.40	-1	35	Ⅲ
	梁平	454.6	0.20	0.30	0.35	—	—	—	-1	36	—
	万州	186.7	0.20	0.35	0.45	—	—	—	0	38	—
	涪陵	273.5	0.20	0.30	0.35	—	—	—	1	37	—
	金佛山	1905.9	—	—	—	0.35	0.50	0.60	-10	25	Ⅱ
河北	石家庄市	80.5	0.25	0.35	0.40	0.20	0.30	0.35	-11	36	Ⅱ
	蔚县	909.5	0.20	0.30	0.35	0.20	0.30	0.35	-24	33	Ⅱ
	邢台市	76.8	0.20	0.30	0.35	0.25	0.35	0.40	-10	36	Ⅱ
	丰宁	659.7	0.30	0.40	0.45	0.15	0.25	0.30	-22	33	Ⅱ
	围场	842.8	0.35	0.45	0.50	0.20	0.30	0.35	-23	32	Ⅱ
	张家口市	724.2	0.35	0.55	0.60	0.15	0.25	0.30	-18	34	Ⅱ
	怀来	536.8	0.25	0.35	0.40	0.15	0.20	0.25	-17	35	Ⅱ

续表3.12

省市名	城市名	海拔高度/m	风压/(kN·m^{-2})			雪压/(kN·m^{-2})			基本气温/℃		雪荷载准永久值系数分区
			$R=10$	$R=50$	$R=100$	$R=10$	$R=50$	$R=100$	最低	最高	
河北	承德	377.2	0.30	0.40	0.45	0.20	0.30	0.35	-19	35	Ⅱ
	遵化	54.9	0.30	0.40	0.45	0.25	0.40	0.50	-18	35	Ⅱ
	青龙	227.2	0.25	0.30	0.35	0.25	0.40	0.45	-19	34	Ⅱ
	秦皇岛市	2.1	0.35	0.45	0.50	0.15	0.25	0.30	-15	33	Ⅱ
	霸县	9.0	0.25	0.40	0.45	0.20	0.30	0.35	-14	36	Ⅱ
	唐山市	27.8	0.30	0.40	0.45	0.20	0.35	0.40	-15	35	Ⅱ
	乐亭	10.5	0.30	0.40	0.45	0.25	0.40	0.45	-16	34	Ⅱ
	保定市	17.2	0.30	0.40	0.45	0.20	0.35	0.40	-12	36	Ⅱ
	饶阳	18.9	0.30	0.35	0.40	0.20	0.30	0.35	-14	36	Ⅱ
	沧州市	9.6	0.30	0.40	0.45	0.20	0.30	0.35	—	—	Ⅱ
	黄骅	6.6	0.30	0.40	0.45	0.20	0.30	0.35	-13	36	Ⅱ
	南宫市	27.4	0.25	0.35	0.40	0.15	0.25	0.30	-13	37	Ⅱ
山西	太原市	778.3	0.30	0.40	0.45	0.25	0.35	0.40	-16	34	Ⅱ
	右玉	1345.8	—	—	—	0.20	0.30	0.35	-29	31	Ⅱ
	大同市	1067.2	0.35	0.55	0.65	0.15	0.25	0.30	-22	32	Ⅱ
	河曲	861.5	0.30	0.50	0.60	0.20	0.30	0.35	-24	35	Ⅱ
	五寨	1401.0	0.30	0.40	0.45	0.20	0.25	0.30	-25	31	Ⅱ
	兴县	1012.6	0.25	0.45	0.55	0.20	0.25	0.30	-19	34	Ⅱ
	原平	828.2	0.30	0.50	0.60	0.20	0.30	0.35	-19	34	Ⅱ
	离石	950.8	0.30	0.45	0.50	0.20	0.30	0.35	-19	34	Ⅱ
	阳泉市	741.9	0.30	0.40	0.45	0.20	0.35	0.40	-13	34	Ⅱ
	榆社	1041.4	0.20	0.30	0.35	0.20	0.30	0.35	-17	33	Ⅱ
	隰县	1052.7	0.25	0.35	0.40	0.20	0.30	0.35	-16	34	Ⅱ
	介休	743.9	0.25	0.40	0.45	0.20	0.30	0.35	-15	35	Ⅱ
	临汾市	449.5	0.25	0.40	0.45	0.15	0.25	0.30	-14	37	Ⅱ
	长治县	991.8	0.30	0.50	0.60	—	—	—	-15	32	—
	运城市	376.0	0.30	0.45	0.50	0.15	0.25	0.30	-11	38	Ⅱ
	阳城	659.5	0.30	0.45	0.50	0.20	0.30	0.35	-12	34	Ⅱ
内蒙古	呼和浩特市	1063.0	0.35	0.55	0.60	0.25	0.40	0.45	-23	33	Ⅱ
	额右旗拉布达林	581.4	0.35	0.50	0.60	0.35	0.45	0.50	-41	30	Ⅰ
	牙克石市图里河	732.6	0.30	0.40	0.45	0.40	0.60	0.70	-42	28	Ⅰ
	满洲里	661.7	0.50	0.65	0.70	0.20	0.30	0.35	-35	30	Ⅰ

续表 3.12

省市名	城市名	海拔高度/m	风压/(kN·m⁻²)			雪压/(kN·m⁻²)			基本气温/℃		雪荷载准永久值系数分区
			$R=10$	$R=50$	$R=100$	$R=10$	$R=50$	$R=100$	最低	最高	
内蒙古	海拉尔	610.2	0.45	0.65	0.75	0.35	0.45	0.50	-38	30	Ⅰ
	鄂伦春小二沟	286.1	0.30	0.40	0.45	0.35	0.50	0.55	-40	31	Ⅰ
	新巴尔虎右旗	554.2	0.45	0.60	0.65	0.25	0.40	0.45	-32	32	Ⅰ
	新巴尔虎左旗阿木古朗	642.0	0.40	0.55	0.60	0.25	0.35	0.40	-34	31	Ⅰ
	牙克石市博克图	739.7	0.40	0.55	0.60	0.35	0.55	0.65	-31	28	Ⅰ
	扎兰屯市	306.5	0.30	0.40	0.45	0.35	0.55	0.65	-28	32	Ⅰ
	科右翼前旗阿尔山	1027.4	0.35	0.50	0.55	0.45	0.60	0.70	-37	27	Ⅰ
	科右翼前旗索伦	501.8	0.45	0.55	0.60	0.25	0.35	0.40	-30	31	Ⅰ
	乌兰浩特	274.7	0.40	0.55	0.60	0.20	0.30	0.35	-27	32	Ⅰ
	东乌珠穆沁旗	838.7	0.35	0.55	0.65	0.20	0.30	0.35	-33	32	Ⅰ
	额济纳旗	940.5	0.40	0.60	0.70	0.05	0.10	0.15	-23	39	Ⅱ
	额济纳旗拐子湖	960.0	0.45	0.55	0.60	0.05	0.10	0.10	-23	39	Ⅱ
	阿左旗巴彦毛道	1328.1	0.40	0.55	0.60	0.10	0.15	0.20	-23	35	Ⅱ
	阿拉善右旗	1510.1	0.45	0.55	0.60	0.05	0.10	0.10	-20	35	Ⅱ
	二连浩特	964.7	0.55	0.65	0.70	0.15	0.25	0.30	-30	34	Ⅱ
	那仁宝力格	1181.6	0.40	0.55	0.60	0.20	0.30	0.35	-33	31	Ⅰ
	达茂旗满都拉	1225.2	0.50	0.75	0.85	0.15	0.20	0.25	-25	34	Ⅱ
	阿巴嘎旗	1126.1	0.35	0.50	0.55	0.30	0.45	0.50	-33	31	Ⅰ
	苏尼特左旗	1111.4	0.40	0.50	0.55	0.25	0.35	0.40	-32	33	Ⅰ
	乌拉特后旗海力素	1509.6	0.45	0.50	0.55	0.10	0.15	0.20	-25	33	Ⅱ
	苏尼特右旗朱日和	1150.8	0.50	0.65	0.75	0.15	0.20	0.25	-26	33	Ⅱ
	乌拉特中旗海流图	1288.0	0.45	0.60	0.65	0.20	0.30	0.35	-26	33	Ⅱ
	百灵庙	1376.6	0.50	0.75	0.85	0.25	0.35	0.40	-27	32	Ⅱ
	四子王旗	1490.1	0.40	0.60	0.70	0.30	0.45	0.55	-26	30	Ⅱ
	化德	1482.7	0.45	0.75	0.85	0.15	0.25	0.30	-26	29	Ⅱ
	杭锦后旗陕坝	1056.7	0.30	0.45	0.50	0.15	0.20	0.25	—	—	Ⅱ
	包头市	1067.2	0.35	0.55	0.60	0.15	0.25	0.30	-23	34	Ⅱ
	集宁市	1419.3	0.40	0.60	0.70	0.25	0.35	0.40	-25	30	Ⅱ

续表 3.12

省市名	城市名	海拔高度/m	风压/(kN·m^{-2})			雪压/(kN·m^{-2})			基本气温/℃		雪荷载准永久值系数分区
			$R=10$	$R=50$	$R=100$	$R=10$	$R=50$	$R=100$	最低	最高	
内蒙古	阿拉善左旗吉兰泰	1031.8	0.35	0.50	0.55	0.05	0.10	0.15	-23	37	Ⅱ
	临河市	1039.3	0.30	0.50	0.60	0.15	0.25	0.30	-21	35	Ⅱ
	鄂托克旗	1380.3	0.35	0.55	0.65	0.15	0.20	0.20	-23	33	Ⅱ
	东胜市	1460.4	0.30	0.50	0.60	0.25	0.35	0.40	-21	31	Ⅱ
	阿腾席连	1329.3	0.40	0.50	0.55	0.20	0.30	0.35	—	—	Ⅱ
	巴彦浩特	1561.4	0.40	0.60	0.70	0.15	0.20	0.25	-19	33	Ⅱ
	西乌珠穆沁旗	995.9	0.45	0.55	0.60	0.30	0.40	0.45	-30	30	Ⅰ
	扎鲁特鲁北	265.0	0.40	0.55	0.60	0.20	0.30	0.35	-23	34	Ⅱ
	巴林左旗林东	484.4	0.40	0.55	0.60	0.20	0.30	0.35	-26	32	Ⅱ
	锡林浩特	989.5	0.40	0.55	0.60	0.20	0.40	0.45	-30	31	Ⅰ
	林西	799.0	0.45	0.60	0.70	0.25	0.40	0.45	-25	32	Ⅰ
	开鲁	241.0	0.40	0.55	0.60	0.20	0.30	0.35	-25	34	Ⅱ
	通辽	178.5	0.40	0.55	0.60	0.20	0.30	0.35	-25	33	Ⅱ
	多伦	1245.4	0.40	0.55	0.60	0.20	0.30	0.35	-28	30	Ⅰ
	翁牛特旗乌丹	631.8	—	—	—	0.20	0.30	0.35	-23	32	Ⅱ
	赤峰	571.1	0.30	0.55	0.65	0.20	0.30	0.35	-23	33	Ⅱ
	敖汉旗宝国图	400.5	0.40	0.50	0.55	0.25	0.40	0.45	-23	33	Ⅱ
辽宁	沈阳	42.8	0.40	0.55	0.60	0.30	0.50	0.55	-24	33	Ⅰ
	彰武	79.4	0.35	0.45	0.50	0.20	0.30	0.35	-22	33	Ⅱ
	阜新	144.0	0.40	0.60	0.70	0.25	0.40	0.45	-23	33	Ⅱ
	开原	98.2	0.30	0.45	0.50	0.35	0.45	0.55	-27	33	Ⅰ
	清原	234.1	0.25	0.40	0.45	0.45	0.70	0.80	-27	33	Ⅰ
	朝阳	169.2	0.40	0.55	0.60	0.30	0.45	0.55	-23	35	Ⅱ
	建平叶柏寿	421.7	0.30	0.35	0.40	0.25	0.35	0.40	-22	35	Ⅱ
	黑山	37.5	0.45	0.65	0.75	0.30	0.45	0.50	-21	33	Ⅱ
	锦州	65.9	0.40	0.60	0.70	0.30	0.40	0.45	-18	33	Ⅱ
	鞍山	77.3	0.30	0.50	0.60	0.30	0.45	0.55	-18	34	Ⅱ
	本溪	185.2	0.35	0.45	0.50	0.40	0.55	0.60	-24	33	Ⅰ
	抚顺章党	118.5	0.30	0.45	0.50	0.35	0.45	0.50	-28	33	Ⅰ
	桓仁	240.3	0.25	0.30	0.35	0.35	0.50	0.55	-25	32	Ⅰ
	绥中	15.3	0.25	0.40	0.45	0.25	0.35	0.40	-19	33	Ⅱ

续表 3.12

省市名	城市名	海拔高度/m	风压/(kN·m^{-2})			雪压/(kN·m^{-2})			基本气温/℃		雪荷载准永久值系数分区
			$R=10$	$R=50$	$R=100$	$R=10$	$R=50$	$R=100$	最低	最高	
辽宁	兴城	8.8	0.35	0.45	0.50	0.20	0.30	0.35	-19	32	Ⅱ
	营口	3.3	0.40	0.65	0.75	0.30	0.40	0.45	-20	33	Ⅱ
	盖县熊岳	20.4	0.30	0.40	0.45	0.25	0.40	0.45	-22	33	Ⅱ
	本溪县草河口	233.4	0.25	0.45	0.55	0.35	0.55	0.60	—	—	Ⅰ
	岫岩	79.3	0.30	0.45	0.50	0.35	0.50	0.55	-22	33	Ⅱ
	宽甸	260.1	0.30	0.50	0.60	0.40	0.60	0.70	-26	32	Ⅱ
	丹东	15.1	0.35	0.55	0.65	0.30	0.40	0.45	-18	32	Ⅱ
	瓦房店	29.3	0.35	0.50	0.55	0.20	0.30	0.35	-17	32	Ⅱ
	新金县皮口	43.2	0.35	0.50	0.55	0.20	0.30	0.35	—	—	Ⅱ
	庄河	34.8	0.35	0.50	0.55	0.25	0.35	0.40	-19	32	Ⅱ
	大连	91.5	0.40	0.65	0.75	0.25	0.40	0.45	-13	32	Ⅱ
吉林	长春市	236.8	0.45	0.65	0.75	0.30	0.45	0.50	-26	32	Ⅰ
	白城	155.4	0.45	0.65	0.75	0.15	0.20	0.25	-29	33	Ⅱ
	乾安	146.3	0.35	0.45	0.55	0.15	0.20	0.23	-28	33	Ⅱ
	前郭尔罗斯	134.7	0.30	0.45	0.50	0.15	0.25	0.30	-28	33	Ⅱ
	通榆	149.5	0.35	0.50	0.55	0.15	0.25	0.30	-28	33	Ⅱ
	长岭	189.3	0.30	0.45	0.50	0.15	0.20	0.25	-27	32	Ⅱ
	扶余市三岔河	196.6	0.40	0.60	0.70	0.25	0.35	0.40	-29	32	Ⅱ
	双辽	114.9	0.35	0.50	0.55	0.20	0.30	0.35	-27	33	Ⅰ
	四平	164.2	0.40	0.55	0.60	0.20	0.35	0.40	-24	33	Ⅱ
	磐石县烟筒山	271.6	0.30	0.40	0.45	0.25	0.40	0.45	-31	31	Ⅰ
	吉林市	183.4	0.40	0.50	0.55	0.30	0.45	0.50	-31	32	Ⅰ
	蛟河	295.0	0.30	0.45	0.50	0.50	0.75	0.85	-31	32	Ⅰ
	敦化市	523.7	0.30	0.45	0.50	0.30	0.50	0.60	-29	30	Ⅰ
	梅河口市	339.9	0.30	0.40	0.45	0.30	0.45	0.50	-27	32	Ⅰ
	桦甸	263.8	0.30	0.40	0.45	0.40	0.65	0.75	-33	32	Ⅰ
	靖宇	549.2	0.25	0.35	0.40	0.40	0.60	0.70	-32	31	Ⅰ
	扶松县东岗	774.2	0.30	0.45	0.55	0.80	1.15	1.30	-27	30	Ⅰ
	延吉市	176.8	0.35	0.50	0.55	0.35	0.55	0.65	-26	32	Ⅰ
	通化市	402.9	0.30	0.50	0.60	0.50	0.80	0.90	-27	32	Ⅰ
	浑江市临江	332.7	0.20	0.30	0.30	0.45	0.70	0.80	-27	33	Ⅰ
	集安	177.7	0.20	0.30	0.35	0.45	0.70	0.80	-26	33	Ⅰ
	长白	1016.7	0.35	0.45	0.50	0.40	0.60	0.70	-28	29	Ⅰ

续表3.12

省市名	城市名	海拔高度/m	风压/(kN·m^{-2})			雪压/(kN·m^{-2})			基本气温/℃		雪荷载准永久值系数分区
			R=10	R=50	R=100	R=10	R=50	R=100	最低	最高	
黑龙江	哈尔滨	142.3	0.35	0.55	0.70	0.30	0.45	0.50	-31	32	Ⅰ
	漠河	296.0	0.25	0.35	0.40	0.60	0.75	0.85	-42	30	Ⅰ
	塔河	357.4	0.25	0.30	0.35	0.50	0.65	0.75	-38	30	Ⅰ
	新林	494.6	0.25	0.35	0.40	0.50	0.65	0.75	-40	29	Ⅰ
	呼玛	177.4	0.30	0.50	0.60	0.45	0.60	0.70	-40	31	Ⅰ
	加格达奇	371.7	0.25	0.35	0.40	0.45	0.65	0.70	-38	30	Ⅰ
	黑河	166.4	0.35	0.50	0.55	0.60	0.75	0.85	-35	31	Ⅰ
	嫩江	242.2	0.40	0.55	0.60	0.40	0.55	0.60	-39	31	Ⅰ
	孙吴	234.5	0.40	0.60	0.70	0.45	0.60	0.70	-40	31	Ⅰ
	北安	269.7	0.30	0.50	0.60	0.40	0.55	0.60	-36	31	Ⅰ
	克山	234.6	0.30	0.45	0.50	0.30	0.50	0.55	-34	31	Ⅰ
	富裕	162.4	0.30	0.40	0.45	0.25	0.35	0.40	-34	32	Ⅰ
	齐齐哈尔	145.9	0.35	0.45	0.50	0.25	0.40	0.45	-30	32	Ⅰ
	海伦	239.2	0.35	0.55	0.65	0.30	0.40	0.45	-32	31	Ⅰ
	明水	249.2	0.35	0.45	0.50	0.25	0.40	0.45	-30	31	Ⅰ
	伊春	240.9	0.25	0.35	0.40	0.50	0.65	0.75	-36	31	Ⅰ
	鹤岗	227.9	0.30	0.40	0.45	0.45	0.65	0.70	-27	31	Ⅰ
	富锦	64.2	0.30	0.45	0.50	0.40	0.55	0.60	-30	31	Ⅰ
	泰来	149.5	0.30	0.45	0.50	0.20	0.30	0.35	-28	33	Ⅰ
	绥化	179.6	0.35	0.55	0.65	0.35	0.50	0.60	-32	31	Ⅰ
	安达	149.3	0.35	0.55	0.65	0.20	0.30	0.35	-31	32	Ⅰ
	铁力	210.5	0.25	0.35	0.40	0.50	0.75	0.85	-34	31	Ⅰ
	佳木斯	81.2	0.40	0.65	0.75	0.60	0.85	0.95	-30	32	Ⅰ
	依兰	100.1	0.45	0.65	0.75	0.30	0.45	0.50	-29	32	Ⅰ
	宝清	83.0	0.30	0.40	0.45	0.55	0.85	1.00	-30	31	Ⅰ
	通河	108.6	0.35	0.50	0.55	0.50	0.75	0.85	-33	32	Ⅰ
	尚志	189.7	0.35	0.55	0.60	0.40	0.55	0.60	-32	32	Ⅰ
	鸡西	233.6	0.40	0.55	0.65	0.45	0.65	0.75	-27	32	Ⅰ
	虎林	100.2	0.35	0.45	0.50	0.95	1.40	1.60	-29	31	Ⅰ
	牡丹江	241.4	0.35	0.50	0.55	0.50	0.75	0.85	-28	32	Ⅰ
	绥芬河	496.7	0.40	0.60	0.70	0.60	0.75	0.85	-30	29	Ⅰ

续表 3.12

省市名	城市名	海拔高度/m	风压/(kN·m^{-2})			雪压/(kN·m^{-2})			基本气温/℃		雪荷载准永久值系数分区
			$R=10$	$R=50$	$R=100$	$R=10$	$R=50$	$R=100$	最低	最高	
山东	济南	51.6	0.30	0.45	0.50	0.20	0.30	0.35	−9	36	Ⅱ
	德州	21.2	0.30	0.45	0.50	0.20	0.35	0.40	−11	36	Ⅱ
	惠民	11.3	0.40	0.50	0.55	0.25	0.35	0.40	−13	36	Ⅱ
	寿光县羊角沟	4.4	0.30	0.45	0.50	0.15	0.25	0.30	−11	36	Ⅱ
	龙口	4.8	0.45	0.60	0.65	0.25	0.35	0.40	−11	35	Ⅱ
	烟台	46.7	0.40	0.55	0.60	0.30	0.40	0.45	−8	32	Ⅱ
	威海	46.6	0.45	0.65	0.75	0.30	0.50	0.60	−8	32	Ⅱ
	荣成市成山头	47.7	0.60	0.70	0.75	0.25	0.40	0.45	−7	30	Ⅱ
	莘县朝城	42.7	0.35	0.45	0.50	0.25	0.35	0.40	−12	36	Ⅱ
	泰安市泰山	1533.7	0.65	0.85	0.95	0.40	0.55	0.60	−16	25	Ⅱ
	泰安市	128.8	0.30	0.40	0.45	0.20	0.35	0.40	−12	33	Ⅱ
	淄博市张店	34.0	0.30	0.40	0.45	0.30	0.45	0.50	−12	36	Ⅱ
	沂源	304.5	0.30	0.35	0.40	0.20	0.30	0.35	−13	35	Ⅱ
	维坊	44.1	0.30	0.40	0.45	0.25	0.35	0.40	−12	36	Ⅱ
	莱阳	30.5	0.30	0.40	0.45	0.15	0.25	0.30	−13	35	Ⅱ
	青岛	76.0	0.45	0.60	0.70	0.15	0.20	0.25	−9	33	Ⅱ
	海阳	65.2	0.40	0.55	0.60	0.10	0.15	0.15	−10	33	Ⅱ
	荣成市石岛	33.7	0.40	0.55	0.65	0.10	0.15	0.15	−8	31	Ⅱ
	荷泽	49.7	0.25	0.40	0.45	0.20	0.30	0.35	−10	36	Ⅱ
	兖州	51.7	0.25	0.40	0.45	0.25	0.35	0.45	−11	36	Ⅱ
	营县	107.4	0.25	0.35	0.40	0.20	0.35	0.40	−11	35	Ⅱ
	临沂	87.9	0.30	0.40	0.45	0.25	0.40	0.45	−10	35	Ⅱ
	日照	16.1	0.30	0.40	0.45	—	—	—	−8	33	—
江苏	南京	8.9	0.25	0.40	0.45	0.40	0.65	0.75	−6	37	Ⅱ
	徐州	41.0	0.25	0.35	0.40	0.25	0.35	0.40	−8	35	Ⅱ
	赣榆	2.1	0.30	0.45	0.50	0.25	0.35	0.40	−8	35	Ⅱ
	盱眙	34.5	0.25	0.35	0.40	0.20	0.30	0.35	−7	36	Ⅱ
	淮阴	17.5	0.25	0.40	0.45	0.25	0.40	0.45	−7	35	Ⅱ
	射阳	2.0	0.30	0.40	0.45	0.15	0.20	0.25	−7	35	Ⅲ
	镇江	26.5	0.30	0.40	0.45	0.25	0.35	0.40	—	—	Ⅲ
	无锡	6.7	0.30	0.45	0.50	0.30	0.40	0.45	—	—	Ⅲ
	泰州	6.6	0.25	0.40	0.45	0.25	0.35	0.40	—	—	Ⅲ

续表3.12

省市名	城市名	海拔高度/m	风压/(kN·m^{-2})			雪压/(kN·m^{-2})			基本气温/℃		雪荷载准永久值系数分区
			$R=10$	$R=50$	$R=100$	$R=10$	$R=50$	$R=100$	最低	最高	
江苏	连云港	3.7	0.35	0.55	0.65	0.25	0.40	0.45	—	—	Ⅱ
	盐城	3.6	0.25	0.45	0.55	0.20	0.35	0.40	—	—	Ⅲ
	高邮	5.4	0.25	0.40	0.45	0.20	0.35	0.40	-6	36	Ⅲ
	东台	4.3	0.30	0.40	0.45	0.20	0.30	0.35	-6	36	Ⅲ
	南通	5.3	0.30	0.45	0.50	0.15	0.25	0.30	-4	36	Ⅲ
	启东县吕泗	5.5	0.35	0.50	0.55	0.10	0.20	0.25	-4	35	Ⅲ
	常州	4.9	0.25	0.40	0.45	0.20	0.35	0.40	-4	37	Ⅲ
	溧阳	7.2	0.25	0.40	0.45	0.30	0.50	0.55	-5	37	Ⅲ
	吴县东山	17.5	0.30	0.45	0.50	0.25	0.40	0.45	-5	36	Ⅲ
浙江	杭州	41.7	0.30	0.45	0.50	0.30	0.45	0.50	-4	38	Ⅲ
	临安县天目山	1505.9	0.55	0.75	0.85	1.00	1.60	1.85	-11	28	Ⅱ
	平湖县乍浦	5.4	0.35	0.45	0.50	0.25	0.35	0.40	-5	36	Ⅲ
	慈溪	7.1	0.30	0.45	0.50	0.25	0.35	0.40	-4	37	Ⅲ
	嵊泗	79.6	0.85	1.30	1.55	—	—	—	-2	34	—
	嵊泗县嵊山	124.6	1.00	1.65	1.95	—	—	—	0	30	—
	舟山	35.7	0.50	0.85	1.00	0.30	0.50	0.60	-2	35	Ⅲ
	金华	62.6	0.25	0.35	0.40	0.35	0.55	0.65	-3	39	Ⅲ
	嵊县	104.3	0.25	0.40	0.50	0.35	0.55	0.65	-3	39	Ⅲ
	宁波	4.2	0.30	0.50	0.60	0.20	0.30	0.35	-3	37	Ⅲ
	象山石浦	128.4	0.75	1.20	1.45	0.20	0.30	0.35	-2	35	Ⅲ
	衢州	66.9	0.25	0.35	0.40	0.30	0.50	0.60	-3	38	Ⅲ
	丽水	60.8	0.20	0.30	0.35	0.30	0.45	0.50	-3	39	Ⅲ
	龙泉	198.4	0.20	0.30	0.35	0.35	0.55	0.65	-2	38	Ⅲ
	临海市括苍山	1383.1	0.60	0.90	1.05	0.45	0.65	0.75	-8	29	Ⅲ
	温州	6.0	0.35	0.60	0.70	0.25	0.35	0.40	0	36	Ⅲ
	椒江市洪家	1.3	0.35	0.55	0.65	0.20	0.30	0.35	-2	36	Ⅲ
	椒江市下大陈	86.2	0.95	1.45	1.75	0.25	0.35	0.40	-1	33	Ⅲ
	玉环县坎门	95.9	0.70	1.20	1.45	0.20	0.35	0.40	0	34	Ⅲ
	瑞安市北麂	42.3	1.00	1.80	2.20	—	—	—	2	33	—
安徽	合肥	27.9	0.25	0.35	0.40	0.40	0.60	0.70	-6	37	Ⅱ
	砀山	43.2	0.25	0.35	0.40	0.25	0.40	0.45	-9	36	Ⅱ
	亳州	37.7	0.25	0.45	0.55	0.25	0.40	0.45	-8	37	Ⅱ

续表 3.12

省市名	城市名	海拔高度/m	风压/(kN·m^{-2})			雪压/(kN·m^{-2})			基本气温/℃		雪荷载准永久值系数分区
			$R=10$	$R=50$	$R=100$	$R=10$	$R=50$	$R=100$	最低	最高	
安徽	宿县	25.9	0.25	0.40	0.50	0.25	0.40	0.45	-8	36	Ⅱ
	寿县	22.7	0.25	0.35	0.40	0.30	0.50	0.55	-7	35	Ⅱ
	蚌埠	18.7	0.25	0.35	0.40	0.30	0.45	0.55	-6	36	Ⅱ
	滁县	25.3	0.25	0.35	0.40	0.30	0.50	0.60	-6	36	Ⅱ
	六安	60.5	0.20	0.35	0.40	0.35	0.55	0.60	-5	37	Ⅱ
	霍山	68.1	0.20	0.35	0.40	0.45	0.65	0.75	-6	37	Ⅱ
	巢湖	22.4	0.25	0.35	0.40	0.30	0.45	0.50	-5	37	Ⅱ
	安庆	19.8	0.25	0.40	0.45	0.20	0.35	0.40	-3	36	Ⅲ
	宁国	89.4	0.25	0.35	0.40	0.30	0.50	0.55	-6	38	Ⅲ
	黄山	1840.4	0.50	0.70	0.80	0.35	0.45	0.50	-11	24	Ⅲ
	黄山市	142.7	0.25	0.35	0.40	0.30	0.45	0.50	-3	38	Ⅲ
	阜阳	30.6	—	—	—	0.35	0.55	0.60	-7	36	Ⅱ
江西	南昌	46.7	0.30	0.45	0.55	0.30	0.45	0.50	-3	38	Ⅲ
	修水	146.8	0.20	0.30	0.35	0.25	0.40	0.50	-4	37	Ⅲ
	宜春	131.3	0.20	0.30	0.35	0.25	0.40	0.45	-3	38	Ⅲ
	吉安	76.4	0.25	0.30	0.35	0.25	0.35	0.45	-2	38	Ⅲ
	宁冈	263.1	0.20	0.30	0.35	0.30	0.45	0.50	-3	38	Ⅲ
	遂川	126.1	0.20	0.30	0.35	0.30	0.45	0.55	-1	38	Ⅲ
	赣州	123.8	0.20	0.30	0.35	0.20	0.35	0.40	-0	38	Ⅲ
	九江	36.1	0.25	0.35	0.40	0.30	0.40	0.45	-2	38	Ⅲ
	庐山	1164.5	0.40	0.55	0.60	0.60	0.95	1.05	-9	29	Ⅲ
	波阳	40.1	0.25	0.40	0.45	0.35	0.60	0.70	-3	38	Ⅲ
	景德镇	61.5	0.25	0.35	0.40	0.25	0.35	0.40	-3	38	Ⅲ
	樟树	30.4	0.20	0.30	0.35	0.25	0.40	0.45	-3	38	Ⅲ
	贵溪	51.2	0.20	0.30	0.35	0.35	0.50	0.60	-2	38	Ⅲ
	玉山	116.3	0.20	0.30	0.35	0.35	0.55	0.65	-3	38	Ⅲ
	南城	80.8	0.25	0.30	0.35	0.20	0.35	0.40	-3	37	Ⅲ
	广昌	143.8	0.20	0.30	0.35	0.30	0.45	0.50	-2	38	Ⅲ
	寻乌	303.9	0.25	0.30	0.35	—	—	—	-0.3	37	—
福建	福州	83.8	0.40	0.70	0.85	—	—	—	3	37	—
	邵武	191.5	0.20	0.30	0.35	0.25	0.35	0.40	-1	37	Ⅲ
	崇安县七仙山	1401.9	0.55	0.70	0.80	0.40	0.60	0.70	-5	28	Ⅲ

续表 3.12

省市名	城市名	海拔高度/m	风压/(kN·m^{-2})			雪压/(kN·m^{-2})			基本气温/℃		雪荷载准永久值系数分区
			$R=10$	$R=50$	$R=100$	$R=10$	$R=50$	$R=100$	最低	最高	
福建	浦城	276.9	0.20	0.30	0.35	0.35	0.55	0.65	−2	37	Ⅲ
	建阳	196.9	0.25	0.35	0.40	0.35	0.50	0.55	−2	38	Ⅲ
	建瓯	154.9	0.25	0.35	0.40	0.25	0.35	0.40	0	38	Ⅲ
	福鼎	36.2	0.35	0.70	0.90	—	—	—	1	37	—
	泰宁	342.9	0.20	0.30	0.35	0.30	0.50	0.60	−2	37	Ⅲ
	南平	125.6	0.20	0.35	0.45	—	—	—	2	38	—
	福鼎县台山	106.6	0.75	1.00	1.10	—	—	—	4	30	—
	长汀	310.0	0.20	0.35	0.40	0.15	0.25	0.30	−0	36	Ⅲ
	上杭	197.9	0.25	0.30	0.35	—	—	—	2	36	—
	永安	206.0	0.25	0.40	0.45	—	—	—	2	38	—
	龙岩	342.3	0.20	0.35	0.45	—	—	—	3	36	—
	德化县九仙山	1653.5	0.60	0.80	0.90	0.25	0.40	0.50	−3	25	Ⅲ
	屏南	896.5	0.20	0.30	0.35	0.25	0.45	0.50	−2	32	Ⅲ
	平潭	32.4	0.75	1.30	1.60	—	—	—	4	34	—
	崇武	21.8	0.55	0.85	1.05	—	—	—	5	33	—
	厦门	139.4	0.50	0.80	0.95	—	—	—	5	35	—
	东山	53.3	0.80	1.25	1.45	—	—	—	7	34	—
陕西	西安	397.5	0.25	0.35	0.40	0.20	0.25	0.30	−9	37	Ⅱ
	榆林	1057.5	0.25	0.40	0.45	0.20	0.25	0.30	−22	35	Ⅱ
	吴旗	1272.6	0.25	0.40	0.50	0.15	0.20	0.20	−20	33	Ⅱ
	横山	1111.0	0.30	0.40	0.45	0.15	0.25	0.30	−21	35	Ⅱ
	绥德	929.7	0.30	0.40	0.45	0.20	0.35	0.40	−19	35	Ⅱ
	延安	957.8	0.25	0.35	0.40	0.15	0.25	0.30	−17	34	Ⅱ
	长武	1206.5	0.20	0.30	0.35	0.20	0.30	0.35	−15	32	Ⅱ
	洛川	1158.3	0.25	0.35	0.40	0.25	0.35	0.40	−15	32	Ⅱ
	铜川	978.9	0.20	0.35	0.40	0.15	0.20	0.25	−12	33	Ⅱ
	宝鸡	612.4	0.20	0.35	0.40	0.15	0.20	0.25	−8	37	Ⅱ
	武功	447.8	0.20	0.35	0.40	0.20	0.25	0.30	−9	37	Ⅱ
	华阴县华山	2064.9	0.40	0.50	0.55	0.50	0.70	0.75	−15	25	Ⅱ
	略阳	794.2	0.25	0.35	0.40	0.10	0.15	0.15	−6	34	Ⅲ
	汉中	508.4	0.20	0.30	0.35	0.15	0.20	0.25	−5	34	Ⅲ
	佛坪	1087.7	0.25	0.35	0.45	0.15	0.25	0.30	−8	33	Ⅲ

续表 3.12

省市名	城市名	海拔高度/m	风压/(kN·m^{-2})			雪压/(kN·m^{-2})			基本气温/℃		雪荷载准永久值系数分区
			$R=10$	$R=50$	$R=100$	$R=10$	$R=50$	$R=100$	最低	最高	
陕西	商州	742.2	0.25	0.30	0.35	0.20	0.30	0.35	-8	35	Ⅱ
	镇安	693.7	0.20	0.35	0.40	0.20	0.30	0.35	-7	36	Ⅲ
	石泉	484.9	0.20	0.30	0.35	0.20	0.30	0.35	-5	35	Ⅲ
	安康	290.8	0.30	0.45	0.50	0.10	0.15	0.20	-4	37	Ⅲ
甘肃	兰州	1517.2	0.20	0.30	0.35	0.10	0.15	0.20	-15	34	Ⅱ
	吉诃德	966.5	0.45	0.55	0.60	—	—	—	—	—	—
	安西	1170.8	0.40	0.55	0.60	0.10	0.20	0.25	-22	37	Ⅱ
	酒泉	1477.2	0.40	0.55	0.60	0.20	0.30	0.35	-21	33	Ⅱ
	张掖	1482.7	0.30	0.50	0.60	0.05	0.10	0.15	-22	34	Ⅱ
	武威	1530.9	0.35	0.55	0.65	0.15	0.20	0.25	-20	33	Ⅱ
	民勤	1367.0	0.40	0.50	0.55	0.05	0.10	0.10	-21	35	Ⅱ
	乌鞘岭	3045.1	0.35	0.40	0.45	0.35	0.55	0.60	-22	21	Ⅱ
	景泰	1630.5	0.25	0.40	0.45	0.10	0.15	0.20	-18	33	Ⅱ
	靖远	1398.2	0.20	0.30	0.35	0.15	0.20	0.25	-18	33	Ⅱ
	临夏	1917.0	0.20	0.30	0.35	0.15	0.25	0.30	-18	30	Ⅱ
	临洮	1886.6	0.20	0.30	0.35	0.30	0.50	0.55	-19	30	Ⅱ
	华家岭	2450.6	0.30	0.40	0.45	0.25	0.40	0.45	-17	24	Ⅱ
	环县	1255.6	0.20	0.30	0.35	0.15	0.25	0.30	-18	33	Ⅱ
	平凉	1346.6	0.25	0.30	0.35	0.15	0.25	0.30	-14	32	Ⅱ
	西峰镇	1421.0	0.20	0.30	0.35	0.25	0.40	0.45	-14	31	Ⅱ
	玛曲	3471.4	0.25	0.30	0.35	0.15	0.20	0.25	-23	21	Ⅱ
	夏河县合作	2910.0	0.25	0.30	0.35	0.25	0.40	0.45	-23	24	Ⅱ
	武都	1079.1	0.25	0.35	0.40	0.05	0.10	0.15	-5	35	Ⅲ
	天水	1141.7	0.20	0.35	0.40	0.15	0.20	0.25	-11	34	Ⅱ
	马宗山	1962.7	—	—	—	0.10	0.15	0.20	-25	32	Ⅱ
	敦皇	1139.0	—	—	—	0.10	0.15	0.20	-20	37	Ⅱ
	玉门	1526.0	—	—	—	0.15	0.20	0.25	-21	33	Ⅱ
	金塔县鼎新	1177.4	—	—	—	0.05	0.10	0.15	-21	36	Ⅱ
	高台	1332.2	—	—	—	0.10	0.15	0.20	-21	34	Ⅱ
	山丹	1764.6	—	—	—	0.15	0.20	0.25	-21	32	Ⅱ
	永昌	1976.1	—	—	—	0.10	0.15	0.20	-22	29	Ⅱ
	榆中	1874.1	—	—	—	0.15	0.20	0.25	-19	30	Ⅱ
	会宁	2012.2	—	—	—	0.20	0.30	0.35	—	—	Ⅱ
	岷县	2315.0	—	—	—	0.10	0.15	0.20	-19	27	Ⅱ

续表3.12

省市名	城市名	海拔高度/m	风压/(kN·m⁻²)			雪压/(kN·m⁻²)			基本气温/℃		雪荷载准永久值系数分区
			$R=10$	$R=50$	$R=100$	$R=10$	$R=50$	$R=100$	最低	最高	
宁夏	银川	1111.4	0.40	0.65	0.75	0.15	0.20	0.25	-19	34	Ⅱ
	惠农	1091.0	0.45	0.65	0.70	0.05	0.10	0.10	-20	35	Ⅱ
	陶乐	1101.6	—	—	—	0.05	0.10	0.10	-20	35	Ⅱ
	中卫	1225.7	0.30	0.45	0.50	0.05	0.10	0.15	-18	33	Ⅱ
	中宁	1183.3	0.30	0.35	0.40	0.10	0.15	0.20	-18	34	Ⅱ
	盐池	1347.8	0.30	0.40	0.45	0.20	0.30	0.35	-20	34	Ⅱ
	海源	1854.2	0.25	0.35	0.40	0.25	0.40	0.45	-17	30	Ⅱ
	同心	1343.9	0.20	0.30	0.35	0.10	0.10	0.15	-18	34	Ⅱ
	固原	1753.0	0.25	0.35	0.40	0.30	0.40	0.45	-20	29	Ⅱ
	西吉	1916.5	0.20	0.30	0.35	0.15	0.20	0.20	-20	29	Ⅱ
青海	西宁	2261.2	0.25	0.35	0.40	0.15	0.20	0.25	-19	29	Ⅱ
	茫崖	3138.5	0.30	0.40	0.45	0.05	0.10	0.10	—	—	Ⅱ
	冷湖	2733.0	0.40	0.55	0.60	0.05	0.10	0.10	-26	29	Ⅱ
	祁连县托勒	3367.0	0.30	0.40	0.45	0.20	0.25	0.30	-32	22	Ⅱ
	祁连县野牛沟	3180.0	0.30	0.40	0.45	0.15	0.20	0.20	-31	21	Ⅱ
	祁连县	2787.4	0.30	0.35	0.40	0.10	0.15	0.15	-25	25	Ⅱ
	格尔木市小灶火	2767.0	0.30	0.40	0.45	0.05	0.10	0.10	-25	30	Ⅱ
	大柴旦	3173.2	0.30	0.40	0.45	0.10	0.15	0.15	-27	26	Ⅱ
	德令哈市	2981.5	0.25	0.35	0.40	0.10	0.15	0.20	-22	28	Ⅱ
	刚察	3301.5	0.25	0.35	0.40	0.20	0.25	0.30	-26	21	Ⅱ
	门源	2850.0	0.25	0.35	0.40	0.20	0.30	0.30	-27	24	Ⅱ
	格尔木	2807.6	0.30	0.40	0.45	0.10	0.20	0.25	-21	29	Ⅱ
	都兰县诺木洪	2790.4	0.35	0.50	0.60	0.05	0.10	0.10	-22	30	Ⅱ
	都兰	3191.1	0.30	0.45	0.55	0.20	0.25	0.30	-21	26	Ⅱ
	乌兰县茶卡	3087.6	0.25	0.35	0.40	0.15	0.20	0.25	-25	25	Ⅱ
	共和县恰卜恰	2835.0	0.25	0.35	0.40	0.10	0.15	0.20	-22	26	Ⅱ
	贵德	2237.1	0.25	0.30	0.35	0.05	0.10	0.10	-18	30	Ⅱ
	民和	1813.9	0.20	0.30	0.35	0.10	0.10	0.15	-17	31	Ⅱ
	唐古拉山五道梁	4612.2	0.35	0.45	0.50	0.20	0.25	0.30	-29	17	Ⅰ
	兴海	3323.2	0.25	0.35	0.40	0.15	0.20	0.20	-25	23	Ⅱ
	同德	3289.4	0.25	0.35	0.40	0.20	0.30	0.35	-28	23	Ⅱ
	泽库	3662.8	0.25	0.30	0.35	0.20	0.40	0.45	—	—	Ⅱ

续表 3.12

省市名	城市名	海拔高度/m	风压/(kN·m^{-2})			雪压/(kN·m^{-2})			基本气温/℃		雪荷载准永久值系数分区
			$R=10$	$R=50$	$R=100$	$R=10$	$R=50$	$R=100$	最低	最高	
青海	格尔木市托托河	4533.1	0.40	0.50	0.55	0.25	0.35	0.40	−33	19	Ⅰ
	治多	4179.0	0.25	0.30	0.35	0.15	0.20	0.25	—	—	Ⅰ
	杂多	4066.4	0.25	0.35	0.40	0.20	0.25	0.30	−25	22	Ⅱ
	曲麻莱	4231.2	0.25	0.35	0.40	0.15	0.25	0.30	−28	20	Ⅰ
	玉树	3681.2	0.20	0.30	0.35	0.15	0.20	0.25	−20	24.4	Ⅱ
	玛多	4272.3	0.30	0.40	0.45	0.25	0.35	0.40	−33	18	Ⅰ
	称多县清水河	4415.4	0.25	0.30	0.35	0.25	0.30	0.35	−33	17	Ⅰ
	玛沁县仁峡姆	4211.1	0.30	0.35	0.40	0.20	0.30	0.35	−33	18	Ⅰ
	达日县吉迈	3967.5	0.25	0.35	0.40	0.20	0.25	0.30	−27	20	Ⅰ
	河南	3500.0	0.25	0.40	0.45	0.20	0.25	0.30	−29	21	Ⅱ
	久治	3628.5	0.20	0.30	0.35	0.20	0.25	0.30	−24	21	Ⅱ
	昂欠	3643.7	0.25	0.30	0.35	0.10	0.20	0.25	−18	25	Ⅱ
	班玛	3750.0	0.20	0.30	0.35	0.15	0.20	0.25	−20	22	Ⅱ
新疆	乌鲁木齐	917.9	0.40	0.60	0.70	0.65	0.90	1.00	−23	34	Ⅰ
	阿勒泰	735.3	0.40	0.70	0.85	1.20	1.65	1.85	−28	32	Ⅰ
	阿拉山口	284.8	0.95	1.35	1.55	0.20	0.25	0.25	−25	39	Ⅰ
	克拉玛依	427.3	0.65	0.90	1.00	0.20	0.30	0.35	−27	38	Ⅰ
	伊宁	662.5	0.40	0.60	0.70	1.00	1.40	1.55	−23	35	Ⅰ
	昭苏	1851.0	0.25	0.40	0.45	0.65	0.85	0.95	−23	26	Ⅰ
	达坂城	1103.5	0.55	0.80	0.90	0.15	0.20	0.20	−21	32	Ⅰ
	巴音布鲁克	2458.0	0.25	0.35	0.40	0.55	0.75	0.85	−40	22	Ⅰ
	吐鲁番	34.5	0.50	0.85	1.00	0.15	0.20	0.25	−20	44	Ⅱ
	阿克苏	1103.8	0.30	0.45	0.50	0.15	0.25	0.30	−20	36	Ⅱ
	库车	1099.0	0.35	0.50	0.60	0.15	0.20	0.30	−19	36	Ⅱ
	库尔勒	931.5	0.30	0.45	0.50	0.15	0.20	0.30	−18	37	Ⅱ
	乌恰	2175.7	0.25	0.35	0.40	0.35	0.50	0.60	−20	31	Ⅱ
	喀什	1288.7	0.35	0.55	0.65	0.30	0.45	0.50	−17	36	Ⅱ
	阿合奇	1984.9	0.25	0.35	0.40	0.25	0.35	0.40	−21	31	Ⅱ
	皮山	1375.4	0.20	0.30	0.35	0.15	0.20	0.25	−18	37	Ⅱ
	和田	1374.6	0.25	0.40	0.45	0.10	0.20	0.25	−15	37	Ⅱ
	民丰	1409.3	0.20	0.30	0.35	0.10	0.15	0.15	−19	37	Ⅱ
	安的河	1262.8	0.20	0.30	0.35	0.05	0.05	0.05	−23	39	Ⅱ

续表 3.12

省市名	城市名	海拔高度/m	风压/(kN·m^{-2})			雪压/(kN·m^{-2})			基本气温/℃		雪荷载准永久值系数分区
			$R=10$	$R=50$	$R=100$	$R=10$	$R=50$	$R=100$	最低	最高	
新疆	于田	1422.0	0.20	0.30	0.35	0.10	0.15	0.15	-17	36	Ⅱ
	哈密	737.2	0.40	0.60	0.70	0.15	0.25	0.30	-23	38	Ⅱ
	哈巴河	532.6	—	—	—	0.70	1.00	1.15	-26	33.6	Ⅰ
	吉木乃	984.1	—	—	—	0.85	1.15	1.35	-24	31	Ⅰ
	福海	500.9	—	—	—	0.30	0.45	0.50	-31	34	Ⅰ
	富蕴	807.5	—	—	—	0.95	1.35	1.50	-33	34	Ⅰ
	塔城	534.9	—	—	—	1.10	1.55	1.75	-23	35	Ⅰ
	和布克塞尔	1291.6	—	—	—	0.25	0.40	0.45	-23	30	Ⅰ
	青河	1218.2	—	—	—	0.90	1.30	1.45	-35	31	Ⅰ
	托里	1077.8	—	—	—	0.55	0.75	0.85	-24	32	Ⅰ
	北塔山	1653.7	—	—	—	0.55	0.65	0.70	-25	28	Ⅰ
	温泉	1354.6	—	—	—	0.35	0.45	0.50	-25	30	Ⅰ
	精河	320.1	—	—	—	0.20	0.30	0.35	-27	38	Ⅰ
	乌苏	478.7	—	—	—	0.40	0.55	0.60	-26	37	Ⅰ
	石河子	442.9	—	—	—	0.50	0.70	0.80	-28	37	Ⅰ
	蔡家湖	440.5	—	—	—	0.40	0.50	0.55	-32	38	Ⅰ
	奇台	793.5	—	—	—	0.55	0.75	0.85	-31	34	Ⅰ
	巴仑台	1752.5	—	—	—	0.20	0.30	0.35	-20	30	Ⅱ
	七角井	873.2	—	—	—	0.05	0.10	0.15	-23	38	Ⅱ
	库米什	922.4	—	—	—	0.10	0.15	0.15	-25	38	Ⅱ
	焉耆	1055.8	—	—	—	0.15	0.20	0.25	-24	35	Ⅱ
	拜城	1229.2	—	—	—	0.20	0.30	0.35	-26	34	Ⅱ
	轮台	976.1	—	—	—	0.15	0.20	0.30	-19	38	Ⅱ
	吐尔格特	3504.4	—	—	—	0.40	0.55	0.65	-27	18	Ⅱ
	巴楚	1116.5	—	—	—	0.10	0.15	0.20	-19	38	Ⅱ
	柯坪	1161.8	—	—	—	0.05	0.10	0.15	-20	37	Ⅱ
	阿拉尔	1012.2	—	—	—	0.05	0.10	0.10	-20	36	Ⅱ
	铁干里克	846.0	—	—	—	0.10	0.15	0.15	-20	39	Ⅱ
	若羌	888.3	—	—	—	0.10	0.15	0.20	-18	40	Ⅱ
	塔吉克	3090.9	—	—	—	0.15	0.25	0.30	-28	28	Ⅱ
	莎车	1231.2	—	—	—	0.15	0.20	0.25	-17	37	Ⅱ
	且末	1247.5	—	—	—	0.10	0.15	0.20	-20	37	Ⅱ
	红柳河	1700.0	—	—	—	0.10	0.15	0.15	-25	35	Ⅱ

续表 3.12

省市名	城市名	海拔高度/m	风压/(kN·m^{-2})			雪压/(kN·m^{-2})			基本气温/℃		雪荷载准永久值系数分区
			$R=10$	$R=50$	$R=100$	$R=10$	$R=50$	$R=100$	最低	最高	
河南	郑州	110.4	0.30	0.45	0.50	0.25	0.40	0.45	-8	36	Ⅱ
	安阳	75.5	0.25	0.45	0.55	0.25	0.40	0.45	-8	36	Ⅱ
	新乡	72.7	0.30	0.40	0.45	0.20	0.30	0.35	-8	36	Ⅱ
	三门峡	410.1	0.25	0.40	0.45	0.15	0.20	0.25	-8	36	Ⅱ
	卢氏	568.8	0.20	0.30	0.35	0.20	0.30	0.35	-10	35	Ⅱ
	孟津	323.3	0.30	0.45	0.50	0.30	0.40	0.50	-8	35	Ⅱ
	洛阳市	137.1	0.25	0.40	0.45	0.25	0.35	0.40	-6	36	Ⅱ
	栾川	750.1	0.20	0.30	0.35	0.25	0.40	0.45	-9	34	Ⅱ
	许昌	66.8	0.30	0.40	0.45	0.25	0.40	0.45	-8	36	Ⅱ
	开封	72.5	0.30	0.45	0.50	0.20	0.30	0.35	-8	36	Ⅱ
	西峡	250.3	0.25	0.35	0.40	0.20	0.30	0.35	-6	36	Ⅱ
	南阳	129.2	0.25	0.35	0.40	0.30	0.45	0.50	-7	36	Ⅱ
	宝丰	136.4	0.25	0.35	0.40	0.20	0.30	0.35	-8	36	Ⅱ
	西华	52.6	0.25	0.45	0.55	0.30	0.45	0.50	-8	37	Ⅱ
	驻马店	82.7	0.25	0.40	0.45	0.30	0.45	0.50	-8	36	Ⅱ
	信阳	114.5	0.25	0.35	0.40	0.35	0.55	0.65	-6	36	Ⅱ
	商丘	50.1	0.20	0.35	0.45	0.30	0.45	0.50	-8	36	Ⅱ
	固始	57.1	0.20	0.35	0.40	0.35	0.55	0.65	-6	36	Ⅱ
湖北	武汉	23.3	0.25	0.35	0.40	0.30	0.50	0.60	-5	37	Ⅱ
	勋县	201.9	0.20	0.30	0.35	0.25	0.40	0.45	-3	37	Ⅱ
	房县	434.4	0.20	0.30	0.35	0.20	0.30	0.35	-7	35	Ⅲ
	老河口	90.0	0.20	0.30	0.35	0.25	0.35	0.40	-6	36	Ⅱ
	枣阳	125.5	0.25	0.40	0.45	0.25	0.40	0.45	-6	36	Ⅱ
	巴东	294.5	0.15	0.30	0.35	0.15	0.20	0.25	-2	38	Ⅲ
	钟祥	65.8	0.20	0.30	0.35	0.25	0.35	0.40	-4	36	Ⅱ
	麻城	59.3	0.20	0.35	0.45	0.35	0.55	0.65	-4	37	Ⅱ
	恩施	457.1	0.20	0.30	0.35	0.15	0.20	0.25	-2	36	Ⅲ
	巴东县绿葱坡	1819.3	0.30	0.35	0.40	0.65	0.95	1.10	-10	26	Ⅲ
	五峰	908.4	0.20	0.30	0.35	0.25	0.35	0.40	-5	34	Ⅲ
	宜昌	133.1	0.20	0.30	0.35	0.20	0.30	0.35	-3	37	Ⅲ
	荆州	32.6	0.20	0.30	0.35	0.25	0.40	0.45	-4	36	Ⅱ
	天门	34.1	0.20	0.30	0.35	0.25	0.35	0.45	-5	36	Ⅱ

续表3.12

省市名	城市名	海拔高度/m	风压/(kN·m^{-2})			雪压/(kN·m^{-2})			基本气温/℃		雪荷载准永久值系数分区
			$R=10$	$R=50$	$R=100$	$R=10$	$R=50$	$R=100$	最低	最高	
湖北	来凤	459.5	0.20	0.30	0.35	0.15	0.20	0.25	-3	35	Ⅲ
	嘉鱼	36.0	0.20	0.35	0.45	0.25	0.35	0.40	-3	37	Ⅲ
	英山	123.8	0.20	0.30	0.35	0.25	0.40	0.45	-5	37	Ⅲ
	黄石	19.6	0.25	0.35	0.40	0.25	0.35	0.40	-3	38	Ⅲ
湖南	长沙	44.9	0.25	0.35	0.40	0.30	0.45	0.50	-3	38	Ⅲ
	桑植	322.2	0.20	0.30	0.35	0.25	0.35	0.40	-3	36	Ⅲ
	石门	116.9	0.25	0.30	0.35	0.25	0.35	0.40	-3	36	Ⅲ
	南县	36.0	0.25	0.40	0.50	0.30	0.45	0.50	-3	36	Ⅲ
	岳阳	53.0	0.25	0.40	0.45	0.35	0.55	0.65	-2	36	Ⅲ
	吉首	206.6	0.20	0.30	0.35	0.20	0.30	0.35	-2	36	Ⅲ
	沅陵	151.6	0.20	0.30	0.35	0.20	0.35	0.40	-3	37	Ⅲ
	常德	35.0	0.25	0.40	0.50	0.30	0.50	0.60	-3	36	Ⅱ
	安化	128.3	0.20	0.30	0.35	0.30	0.45	0.50	-3	38	Ⅱ
	沅江	36.0	0.25	0.40	0.45	0.35	0.55	0.65	-3	37	Ⅲ
	平江	106.3	0.20	0.30	0.35	0.25	0.40	0.45	-4	37	Ⅲ
	芷江	272.2	0.20	0.30	0.35	0.25	0.35	0.45	-3	36	Ⅲ
	雪峰山	1404.9	—	—	—	0.50	0.75	0.85	-8	27	Ⅱ
	邵阳	248.6	0.20	0.30	0.35	0.20	0.30	0.35	-3	37	Ⅲ
	双峰	100.0	0.20	0.30	0.35	0.25	0.40	0.45	-4	38	Ⅲ
	南岳	1265.9	0.60	0.75	0.85	0.50	0.75	0.85	-8	28	Ⅲ
	通道	397.5	0.25	0.30	0.35	0.15	0.25	0.30	-3	35	Ⅲ
	武岗	341.0	0.20	0.30	0.35	0.20	0.30	0.35	-3	36	Ⅲ
	零陵	172.6	0.25	0.40	0.45	0.15	0.25	0.30	-2	37	Ⅲ
	衡阳	103.2	0.25	0.40	0.45	0.20	0.35	0.40	-2	38	Ⅲ
	道县	192.2	0.25	0.35	0.40	0.15	0.20	0.25	-1	37	Ⅲ
	郴州	184.9	0.20	0.30	0.35	0.20	0.30	0.35	-2	38	Ⅲ
广东	广州	6.6	0.30	0.50	0.60	—	—	—	6	36	—
	南雄	133.8	0.20	0.30	0.35	—	—	—	1	37	—
	连县	97.6	0.20	0.30	0.35	—	—	—	2	37	—
	韶关	69.3	0.20	0.35	0.45	—	—	—	2	37	—
	佛岗	67.8	0.20	0.30	0.35	—	—	—	4	36	—
	连平	214.5	0.20	0.30	0.35	—	—	—	2	36	—

续表 3.12

省市名	城市名	海拔高度/m	风压/(kN·m^{-2})			雪压/(kN·m^{-2})			基本气温/℃		雪荷载准永久值系数分区
			$R=10$	$R=50$	$R=100$	$R=10$	$R=50$	$R=100$	最低	最高	
广东	梅县	87.8	0.20	0.30	0.35	—	—	—	4	37	—
	广宁	56.8	0.20	0.30	0.35	—	—	—	4	36	—
	高要	7.1	0.30	0.50	0.60	—	—	—	6	36	—
	河源	40.6	0.20	0.30	0.35	—	—	—	5	36	—
	惠阳	22.4	0.35	0.55	0.60	—	—	—	6	36	—
	五华	120.9	0.20	0.30	0.35	—	—	—	4	36	—
	汕头	1.1	0.50	0.80	0.95	—	—	—	6	35	—
	惠来	12.9	0.45	0.75	0.90	—	—	—	7	35	—
	南澳	7.2	0.50	0.80	0.95	—	—	—	9	32	—
	信宜	84.6	0.35	0.60	0.70	—	—	—	7	36	—
	罗定	53.3	0.20	0.30	0.35	—	—	—	6	37	—
	台山	32.7	0.35	0.55	0.65	—	—	—	6	35	—
	深圳	18.2	0.45	0.75	0.90	—	—	—	8	35	—
	汕尾	4.6	0.50	0.85	1.00	—	—	—	7	34	—
	湛江	25.3	0.50	0.80	0.95	—	—	—	9	36	—
	阳江	23.3	0.45	0.75	0.90	—	—	—	7	35	—
	电白	11.8	0.45	0.70	0.80	—	—	—	8	35	—
	台山县上川岛	21.5	0.75	1.05	1.20	—	—	—	8	35	—
	徐闻	67.9	0.45	0.75	0.90	—	—	—	10	36	—
广西	南宁	73.1	0.25	0.35	0.40	—	—	—	6	36	—
	桂林	164.4	0.20	0.30	0.35	—	—	—	1	36	—
	柳州	96.8	0.20	0.30	0.35	—	—	—	3	36	—
	蒙山	145.7	0.20	0.30	0.35	—	—	—	2	36	—
	贺山	108.8	0.20	0.30	0.35	—	—	—	2	36	—
	百色	173.5	0.25	0.45	0.55	—	—	—	5	37	—
	靖西	739.4	0.20	0.30	0.35	—	—	—	4	32	—
	桂平	42.5	0.20	0.30	0.35	—	—	—	5	36	—
	梧州	114.8	0.20	0.30	0.35	—	—	—	4	36	—
	龙舟	128.8	0.20	0.30	0.35	—	—	—	7	36	—
	灵山	66.0	0.20	0.30	0.35	—	—	—	5	35	—
	玉林	81.8	0.20	0.30	0.35	—	—	—	5	36	—
	东兴	18.2	0.45	0.75	0.90	—	—	—	8	34	—

续表3.12

省市名	城市名	海拔高度/m	风压/(kN·m⁻²)			雪压/(kN·m⁻²)			基本气温/℃		雪荷载准永久值系数分区
			$R=10$	$R=50$	$R=100$	$R=10$	$R=50$	$R=100$	最低	最高	
广西	北海	15.3	0.45	0.75	0.90	—	—	—	7	35	—
	涠州岛	55.2	0.70	1.10	1.30	—	—	—	9	34	—
海南	海口	14.1	0.45	0.75	0.90	—	—	—	10	37	—
	东方	8.4	0.55	0.85	1.00	—	—	—	10	37	—
	儋县	168.7	0.40	0.70	0.85	—	—	—	9	37	—
	琼中	250.9	0.30	0.45	0.55	—	—	—	8	36	—
	琼海	24.0	0.50	0.85	1.05	—	—	—	10	37	—
	三亚	5.5	0.50	0.85	1.05	—	—	—	14	36	—
	陵水	13.9	0.50	0.85	1.05	—	—	—	12	36	—
	西沙岛	4.7	1.05	1.80	2.20	—	—	—	18	35	—
	珊瑚岛	4.0	0.70	1.10	1.30	—	—	—	16	36	—
四川	成都	506.1	0.20	0.30	0.35	0.10	0.10	0.15	-1	34	Ⅲ
	石渠	4200.0	0.25	0.30	0.35	0.35	0.50	0.60	-28	19	Ⅱ
	若尔盖	3439.6	0.25	0.30	0.35	0.30	0.40	0.45	-24	21	Ⅱ
	甘孜	3393.5	0.35	0.45	0.50	0.30	0.50	0.55	-17	25	Ⅱ
	都江堰	706.7	0.20	0.30	0.35	0.15	0.25	0.30	—	—	Ⅲ
	绵阳	470.8	0.20	0.30	0.35	—	—	—	-3	35	—
	雅安	627.6	0.20	0.30	0.35	0.10	0.20	0.20	0	34	Ⅲ
	资阳	357.0	0.20	0.30	0.35	—	—	—	1	33	—
	康定	2615.7	0.30	0.35	0.40	0.30	0.50	0.55	-10	23	Ⅱ
	汉源	795.9	0.20	0.30	0.35	—	—	—	2	34	—
	九龙	2987.3	0.20	0.30	0.35	0.15	0.20	0.20	-10	25	Ⅲ
	越西	1659.0	0.25	0.30	0.35	0.15	0.25	0.30	-4	31	Ⅲ
	昭觉	2132.4	0.25	0.30	0.35	0.25	0.35	0.40	-6	28	Ⅲ
	雷波	1474.9	0.20	0.30	0.40	0.20	0.30	0.35	-4	29	Ⅲ
	宜宾	340.8	0.20	0.30	0.35	—	—	—	2	35	—
	盐源	2545.0	0.20	0.30	0.35	0.20	0.30	0.35	-6	27	Ⅲ
	西昌	1590.9	0.20	0.30	0.35	0.20	0.30	0.35	-1	32	Ⅲ
	会理	1787.1	0.20	0.30	0.35	—	—	—	-4	30	—
	万源	674.0	0.20	0.30	0.35	0.05	0.10	0.15	-3	35	Ⅲ
	阆中	382.6	0.20	0.30	0.35	—	—	—	-1	36	—
	巴中	358.9	0.20	0.30	0.35	—	—	—	-1	36	—

续表 3.12

省市名	城市名	海拔高度/m	风压/(kN·m^{-2})			雪压/(kN·m^{-2})			基本气温/℃		雪荷载准永久值系数分区
			$R=10$	$R=50$	$R=100$	$R=10$	$R=50$	$R=100$	最低	最高	
四川	达县	310.4	0.20	0.35	0.45	—	—	—	0	37	—
	遂宁	278.2	0.20	0.30	0.35	—	—	—	0	36	—
	南充	309.3	0.20	0.30	0.35	—	—	—	0	36	—
	内江	347.1	0.25	0.40	0.50	—	—	—	0	36	—
	泸州	334.8	0.20	0.30	0.35	—	—	—	1	36	—
	叙永	377.5	0.20	0.30	0.35	—	—	—	1	36	—
	德格	3201.2	—	—	—	0.15	0.20	0.25	-15	26	Ⅲ
	巴达	3893.9	—	—	—	0.30	0.40	0.45	-24	21	Ⅲ
	道孚	2957.2	—	—	—	0.15	0.20	0.25	-16	28	Ⅲ
	阿坝	3275.1	—	—	—	0.25	0.40	0.45	-19	22	Ⅲ
	马尔康	2664.4	—	—	—	0.15	0.25	0.30	-12	29	Ⅲ
	红原	3491.6	—	—	—	0.25	0.40	0.45	-26	22	Ⅱ
	小金	2369.2	—	—	—	0.10	0.15	0.15	-8	31	Ⅱ
	松潘	2850.7	—	—	—	0.20	0.30	0.35	-16	26	Ⅱ
	新龙	3000.0	—	—	—	0.10	0.15	0.15	-16	27	Ⅱ
	理唐	3948.9	—	—	—	0.35	0.50	0.60	-19	21	Ⅱ
	稻城	3727.7	—	—	—	0.20	0.30	0.30	-19	23	Ⅲ
	峨眉山	3047.4	—	—	—	0.40	0.55	0.60	-15	19	Ⅱ
贵州	贵阳	1074.3	0.20	0.30	0.35	0.10	0.20	0.25	-3	32	Ⅲ
	威宁	2237.5	0.25	0.35	0.40	0.25	0.35	0.40	-6	26	Ⅲ
	盘县	1515.2	0.25	0.35	0.40	0.25	0.35	0.45	-3	30	Ⅲ
	桐梓	972.0	0.20	0.30	0.35	0.10	0.15	0.20	-4	33	Ⅲ
	习水	1180.2	0.20	0.30	0.35	0.15	0.20	0.25	-5	31	Ⅲ
	毕节	1510.6	0.20	0.30	0.35	0.15	0.25	0.30	-4	30	Ⅲ
	遵义	843.9	0.20	0.30	0.35	0.10	0.15	0.20	-2	34	Ⅲ
	湄潭	791.8	—	—	—	0.15	0.20	0.25	-3	34	Ⅲ
	思南	416.3	0.20	0.30	0.35	0.10	0.20	0.25	-1	36	Ⅲ
	铜仁	279.7	0.20	0.30	0.35	0.20	0.30	0.35	-2	37	Ⅲ
	黔西	1251.8	—	—	—	0.15	0.20	0.25	-4	32	Ⅲ
	安顺	1392.9	0.20	0.30	0.35	0.20	0.30	0.35	-3	30	Ⅲ
	凯里	720.3	0.20	0.30	0.35	0.15	0.20	0.25	-3	34	Ⅲ
	三穗	610.5	—	—	—	0.20	0.30	0.35	-4	34	Ⅲ

续表 3.12

省市名	城市名	海拔高度/m	风压/(kN·m⁻²)			雪压/(kN·m⁻²)			基本气温/℃		雪荷载准永久值系数分区
			$R=10$	$R=50$	$R=100$	$R=10$	$R=50$	$R=100$	最低	最高	
贵州	兴仁	1378.5	0.20	0.30	0.35	0.20	0.35	0.40	−2	30	Ⅲ
	罗甸	440.3	0.20	0.30	0.35	—	—	—	1	37	—
	独山	1013.3	—	—	—	0.20	0.30	0.35	−3	32	Ⅲ
	榕江	285.7	—	—	—	0.10	0.15	0.20	−1	37	Ⅲ
云南	昆明	1891.4	0.20	0.30	0.35	0.20	0.30	0.35	−1	28	Ⅲ
	德钦	3485.0	0.25	0.35	0.40	0.60	0.90	1.05	−12	22	Ⅱ
	贡山	1591.3	0.20	0.30	0.35	0.45	0.75	0.90	−3	30	Ⅱ
	中甸	3276.1	0.20	0.30	0.35	0.50	0.80	0.90	−15	22	Ⅱ
	维西	2325.6	0.20	0.30	0.35	0.45	0.65	0.75	−6	28	Ⅲ
	昭通	1949.5	0.25	0.35	0.40	0.15	0.25	0.30	−6	28	Ⅲ
	丽江	2393.2	0.25	0.30	0.35	0.20	0.30	0.35	−5	27	Ⅲ
	华坪	1244.8	0.30	0.45	0.55	—	—	—	−1	35	—
	会泽	2109.5	0.25	0.35	0.40	0.25	0.35	0.40	−4	26	Ⅲ
	腾冲	1654.6	0.20	0.30	0.35	—	—	—	−3	27	—
	泸水	1804.9	0.20	0.30	0.35	—	—	—	1	26	—
	保山	1653.5	0.20	0.30	0.35	—	—	—	−2	29	—
	大理	1990.5	0.45	0.65	0.75	—	—	—	−2	28	—
	元谋	1120.2	0.25	0.35	0.40	—	—	—	2	35	—
	楚雄	1772.0	0.20	0.35	0.40	—	—	—	−2	29	—
	曲靖市沾益	1898.7	0.25	0.30	0.35	0.25	0.40	0.45	−1	28	Ⅲ
	瑞丽	776.6	0.20	0.30	0.35	—	—	—	3	32	—
	景东	1162.3	0.20	0.30	0.35	—	—	—	1	32	—
	玉溪	1636.7	0.20	0.30	0.35	—	—	—	−1	30	—
	宜良	1532.1	0.25	0.45	0.55	—	—	—	1	28	—
	泸西	1704.3	0.25	0.30	0.35	—	—	—	−2	29	—
	孟定	511.4	0.25	0.40	0.45	—	—	—	−5	32	—
	临沧	1502,4	0.20	0.30	0.35	—	—	—	0	29	—
	澜沧	1054.8	0.20	0.30	0.35	—	—	—	1	32	—
	景洪	552.7	0.20	0.40	0.50	—	—	—	7	35	—
	思茅	1302.1	0.25	0.45	0.50	—	—	—	3	30	—
	元江	400.9	0.25	0.30	0.35	—	—	—	7	37	—
	勐腊	631.9	0.20	0.30	0.35	—	—	—	7	34	—

续表 3.12

省市名	城市名	海拔高度/m	风压/(kN·m^{-2})			雪压/(kN·m^{-2})			基本气温/℃		雪荷载准永久值系数分区
			$R=10$	$R=50$	$R=100$	$R=10$	$R=50$	$R=100$	最低	最高	
云南	江城	1119.5	0.20	0.40	0.50	—	—	—	4	30	—
	蒙自	1300.7	0.25	0.35	0.45	—	—	—	3	31	—
	屏边	1414.1	0.20	0.40	0.35	—	—	—	2	28	—
	文山	1271.6	0.20	0.30	0.35	—	—	—	3	31	—
	广南	1249.6	0.25	0.35	0.40	—	—	—	−0	31	—
西藏	拉萨	3658.0	0.20	0.30	0.35	0.10	0.15	0.20	−13	27	Ⅲ
	班戈	4700.0	0.35	0.55	0.65	0.20	0.25	0.30	−22	18	Ⅰ
	安多	4800.0	0.45	0.75	0.90	0.25	0.40	0.45	−28	17	Ⅰ
	那曲	4507.0	0.30	0.45	0.50	0.30	0.40	0.45	−25	19	Ⅰ
	日喀则	3836.0	0.20	0.30	0.35	0.10	0.15	0.15	−17	25	Ⅲ
	乃东县泽当	3551.7	0.20	0.30	0.35	0.10	0.15	0.15	−12	26	Ⅲ
	隆子	3860.0	0.30	0.45	0.50	0.10	0.15	0.20	−18	24	Ⅲ
	索县	4022.8	0.30	0.40	0.50	0.20	0.25	0.30	−23	22	Ⅰ
	昌都	3306.0	0.20	0.30	0.35	0.15	0.20	0.20	−15	27	Ⅱ
	林芝	3000.0	0.25	0.35	0.45	0.10	0.15	0.15	−9	25	Ⅲ
	葛尔	4278.0	—	—	—	0.10	0.15	0.15	−27	25	Ⅰ
	改则	4414.9	—	—	—	0.20	0.30	0.35	−29	23	Ⅰ
	普兰	3900.0	—	—	—	0.50	0.70	0.80	−21	25	Ⅰ
	申扎	4672.0	—	—	—	0.15	0.20	0.20	−22	19	Ⅰ
	当雄	4200.0	—	—	—	0.30	0.45	0.50	−23	21	Ⅱ
	尼木	3809.4	—	—	—	0.15	0.20	0.25	−17	26	Ⅲ
	聂拉木	3810.0	—	—	—	2.00	3.30	3.75	−13	18	Ⅰ
	定日	4300.0	—	—	—	0.15	0.25	0.30	−22	23	Ⅱ
	江孜	4040.0	—	—	—	0.10	0.10	0.15	−19	24	Ⅲ
	错那	4280.0	—	—	—	0.60	0.90	1.00	−24	16	Ⅲ
	帕里	4300.0	—	—	—	0.95	1.50	1.75	−23	16	Ⅱ
	丁青	3873.1	—	—	—	0.25	0.35	0.40	−17	22	Ⅱ
	波密	2736.0	—	—	—	0.25	0.35	0.40	−9	27	Ⅲ
	察隅	2327.6	—	—	—	0.35	0.55	0.65	−4	29	Ⅲ
台湾	台北	8.0	0.40	0.70	0.85	—	—	—	—	—	—
	新竹	8.0	0.50	0.80	0.95	—	—	—	—	—	—
	宜兰	9.0	1.10	1.85	2.30	—	—	—	—	—	—

续表 3.12

省市名	城市名	海拔高度/m	风压/(kN·m⁻²)			雪压/(kN·m⁻²)			基本气温/℃		雪荷载准永久值系数分区
			$R=10$	$R=50$	$R=100$	$R=10$	$R=50$	$R=100$	最低	最高	
台湾	台中	78.0	0.50	0.80	0.90	—	—	—	—	—	—
	花莲	14.0	0.40	0.70	0.85	—	—	—	—	—	—
	嘉义	20.0	0.50	0.80	0.95	—	—	—	—	—	—
	马公	22.0	0.85	1.30	1.55	—	—	—	—	—	—
	台东	10.0	0.65	0.90	1.05	—	—	—	—	—	—
	冈山	10.0	0.55	0.80	0.95	—	—	—	—	—	—
	恒春	24.0	0.70	1.05	1.20	—	—	—	—	—	—
	阿里山	2406.0	0.25	0.35	0.40	—	—	—	—	—	—
	台南	14.0	0.60	0.85	1.00	—	—	—	—	—	—
香港	香港	50.0	0.80	0.90	0.95	—	—	—	—	—	—
	横澜岛	55.0	0.95	1.25	1.40	—	—	—	—	—	—
澳门	澳门	57.0	0.75	0.85	0.90	—	—	—	—	—	—

注:表中“—”表示该城市没有统计数据。

(3)风荷载的组合值系数、频遇值系数和准永久值系数可分别取0.6、0.4和0.0。

(4)对于平坦或稍有起伏的地形,风压高度变化系数应根据地面粗糙度类别按表3.13确定。地面粗糙度可分为A、B、C、D四类:A类指近海海面和海岛、海岸、湖岸及沙漠地区;B类指田野、乡村、丛林、丘陵以及房屋比较稀疏的乡镇;C类指有密集建筑群的城市市区;D类指有密集建筑群且房屋较高的城市市区。

表 3.13 风压高度变化系数

离地面或海平面高度/m	地面粗糙度类别			
	A	B	C	D
5	1.09	1.00	0.65	0.51
10	1.28	1.00	0.65	0.51
15	1.42	1.13	0.65	0.51
20	1.52	1.23	0.74	0.51
30	1.67	1.39	0.88	0.51
40	1.78	1.52	1.00	0.60
50	1.89	1.62	1.10	0.69
60	1.97	1.71	1.20	0.77
70	2.05	1.79	1.28	0.84
80	2.12	1.87	1.36	0.91
90	2.18	1.93	1.43	0.98

续表 3.13

离地面或海平面高度/m	地面粗糙度类别			
	A	B	C	D
100	2.23	2.00	1.50	1.04
150	2.46	2.25	1.79	1.33
200	2.64	2.46	2.03	1.58
250	2.78	2.63	2.24	1.81
300	2.91	2.77	2.43	2.02
350	2.91	2.91	2.60	2.22
400	2.91	2.91	2.76	2.40
450	2.91	2.91	2.91	2.58
500	2.91	2.91	2.91	2.74
≥550	2.91	2.91	2.91	2.91

(5)对于远海海面和海岛的建筑物或构筑物，风压高度变化系数除可按 A 类粗糙度类别由表 3.13 确定外，还应考虑表 3.14 中给出的修正系数。

表 3.14　远海海面和海岛的修正系数 η

距海岸距离/km	η
<40	1.0
40～60	1.0～1.1
60～100	1.1～1.2

(6)房屋和构筑物的风荷载体型系数，可按下列规定采用：

①房屋和构筑物与表 3.15 中的体型类同时，可按表 3.15 的规定采用。

②房屋和构筑物与表 3.15 中的体型不同时，可按类似体型的风洞试验资料采用；当无资料时，宜由风洞试验确定。

③对于重要且体型复杂的房屋和构筑物，应由风洞试验确定。

表 3.15　风荷载体型系数

项次	类别	体型及体型系数 μ_s	备注
1	封闭式落地双坡屋面	μ_s　α　−0.5 α / μ_s：0° / 0.0；30° / +0.2；≥60° / +0.8	中间值按线性插值法计算

续表 3.15

<table>
<tr><th>项次</th><th>类别</th><th>体型及体型系数 μ_s</th><th>备注</th></tr>
<tr><td>2</td><td>封闭式双坡屋面</td><td>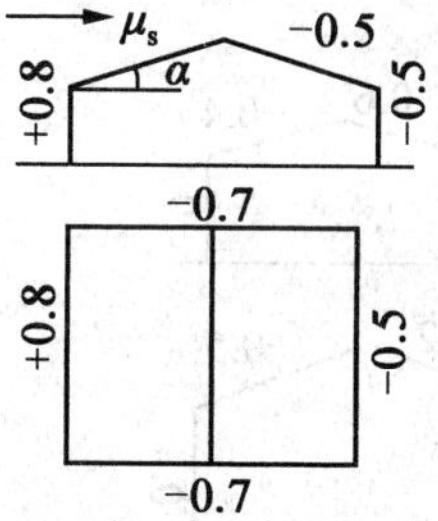<table><tr><th>α</th><th>μ_s</th></tr><tr><td>≤15°</td><td>−0.6</td></tr><tr><td>30°</td><td>0.0</td></tr><tr><td>≥60°</td><td>+0.8</td></tr></table></td><td>1. 中间值按线性插值法计算；
2. μ_s 的绝对值水小于0.1</td></tr>
<tr><td>3</td><td>封闭式落地拱形屋面</td><td>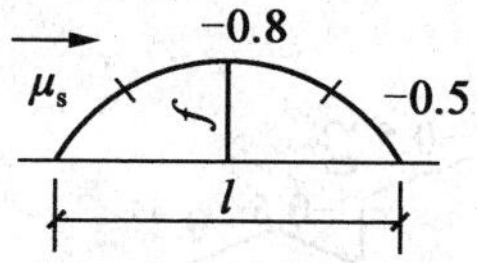<table><tr><th>α</th><th>μ_s</th></tr><tr><td>0.1</td><td>+0.1</td></tr><tr><td>0.2</td><td>+0.2</td></tr><tr><td>0.5</td><td>+0.6</td></tr></table></td><td>中间值按线性插值法计算</td></tr>
<tr><td>4</td><td>封闭式拱形屋面</td><td>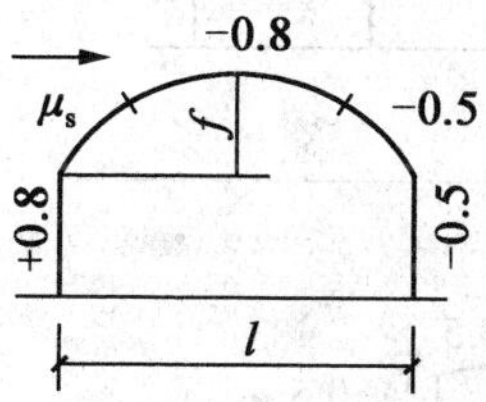<table><tr><th>f/l</th><th>μ_s</th></tr><tr><td>0.1</td><td>−0.8</td></tr><tr><td>0.2</td><td>+0.0</td></tr><tr><td>0.5</td><td>+0.6</td></tr></table></td><td>1. 中间值接线性插值法计算；
2. μ_s 的绝对值不小于 0.1</td></tr>
<tr><td>5</td><td>封闭式单坡屋面</td><td>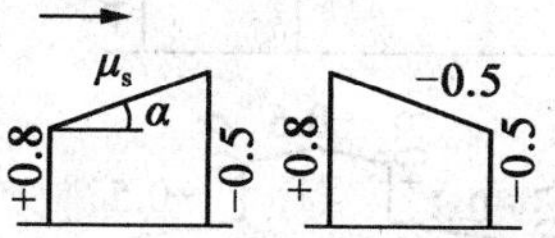</td><td>迎风坡面的 μ_s 按第 2 项采用</td></tr>
<tr><td>6</td><td>封闭式高低双坡屋面</td><td>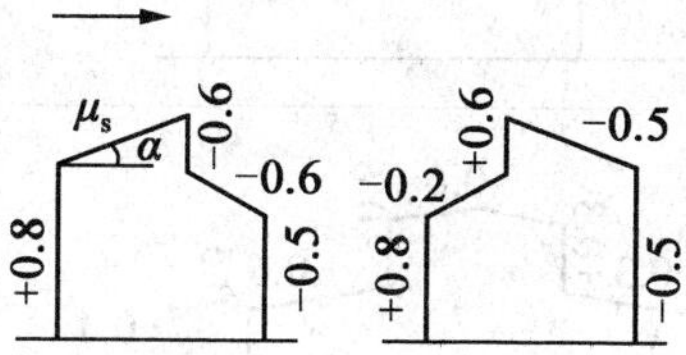</td><td>迎风坡面的 μ_s 接第 2 项采用</td></tr>
<tr><td>7</td><td>封闭式带天窗双坡屋面</td><td>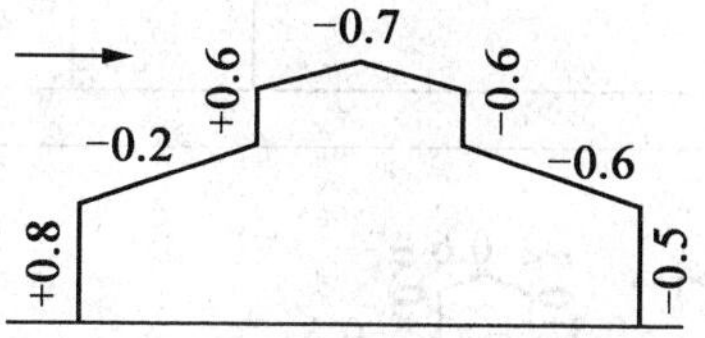</td><td>带天窗的拱形屋面可按照本图采用</td></tr>
<tr><td>8</td><td>封闭式双跨双坡屋面</td><td>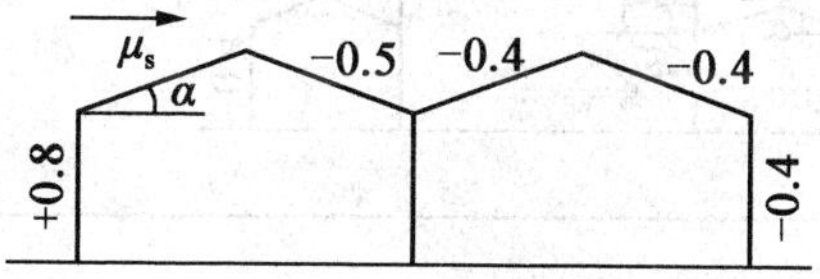</td><td>迎风坡面的 μ_s 按第 2 项采用</td></tr>
</table>

续表 3.15

项次	类别	体型及体型系数 μ_s	备注
9	封闭式不等高不等跨的双跨双坡屋面		迎风坡面的 μ_s 按第 2 项采用
10	封闭式不等高不等跨的三跨双坡屋面		1. 迎风坡面的 μ_s 按第 2 项采用； 2. 中跨上部迎风墙面的 μ_{s1} 按下式采用：$\mu_{s1}=0.6(1-2h_1/h)$ 当 $h_1=h$，取 $\mu_{s1}=0.6$
11	封闭式带天窗带坡的双坡屋面		—
12	封闭式带天窗带双坡的双坡屋面		—
13	封闭式不等高不等跨且中跨带天窗的三跨双坡屋面		1. 迎风坡面的 μ_{s1} 按第 2 项采用； 2. 中跨上部迎风墙面的 μ_{s1} 按下式采用：$\mu_{s1}=0.6(1-2h_1/h)$ 当 $h_1=h$，取 $\mu_{s1}=-0.6$

续表 3.15

项次	类别	体型及体型系数 μ_s	备注
14	封闭式带天窗的双跨双坡屋面	+0.8, −0.2, +0.6, −0.7, −0.6, a, −0.5, μ_s, −0.6, +0.5, −0.4, h, −0.4	迎风面第 2 跨的天窗面的 μ_s 下列规定采用： 1. 当 $a \leqslant 4h$，取 $\mu_s = 0.2$； 2. 当 $a > 4h$，取 $\mu_s = 0.6$
15	封闭式带女儿墙的双坡屋面	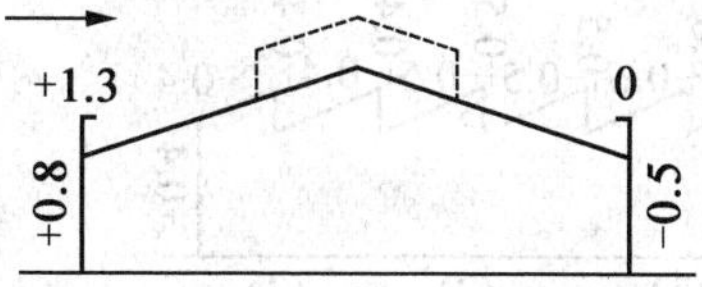 +1.3, +0.8, 0, −0.5	当屋面坡度不大于 15° 时，屋面上的体型系数可按无女儿墙的屋面采用
16	封闭式带雨篷的双坡屋面	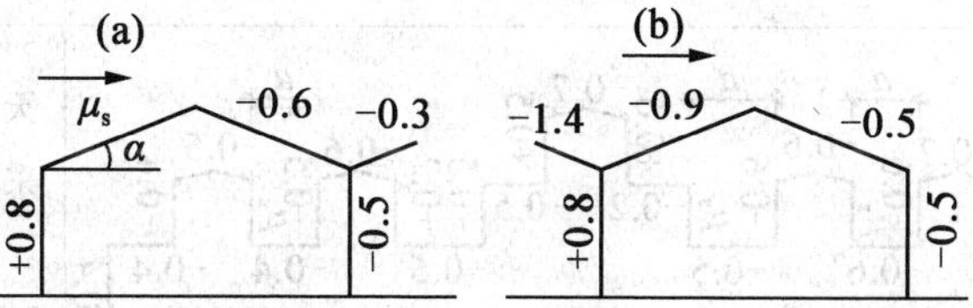 (a) μ_s, α, −0.6, −0.3, +0.8, −0.5 (b) −1.4, −0.9, −0.5, +0.8, −0.5	迎风坡面的 μ_s 按第 2 项采用
17	封闭式对立两个带雨篷的双坡屋面	μ_s, α, −0.4, −0.3, +0.8, −0.4, −0.2, −0.4, −0.5, +0.2, −0.3, s	1. 本图适用于 s 为 8 m ~ 20 m 范围内； 2. 迎风坡丽的 μ_s 按第 2 项采用
18	封闭式带下沉天窗的双坡屋面或拱形屋面	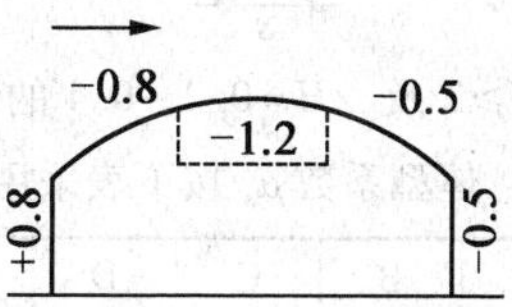 −0.8, −1.2, −0.5, +0.8, −0.5	—
19	封闭式带下沉天窗的双跨双坡或拱形的屋面	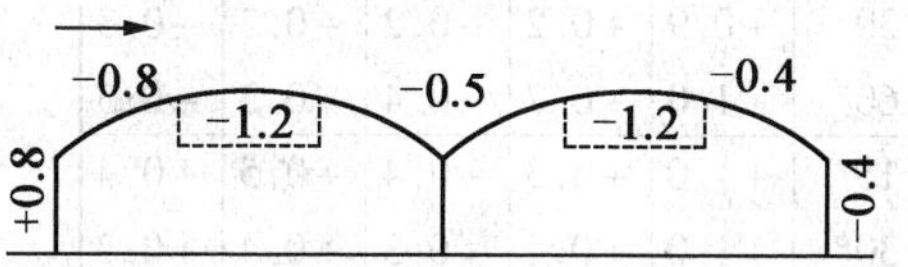 −0.8, −1.2, −0.5, −1.2, −0.4, +0.8, −0.4	—
20	封闭式带天窗挡风板的坡屋面	+1.4, −0.8, −0.7, −0.6, 0, +0.3, −0.8, −0.6, −0.6, +0.8, −0.5	—
21	封闭式带天窗挡风板的双跨坡屋面	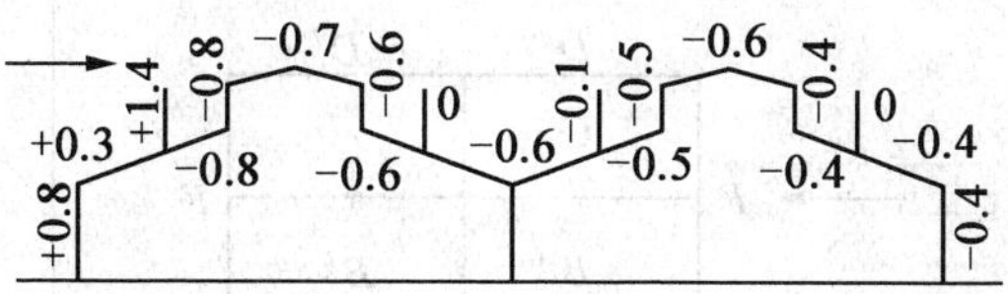 +1.4, −0.8, −0.7, −0.6, 0, +0.3, −0.8, −0.6, −0.6, −0.1, −0.5, −0.6, −0.4, 0, −0.5, −0.4, −0.4, +0.8, −0.4	—

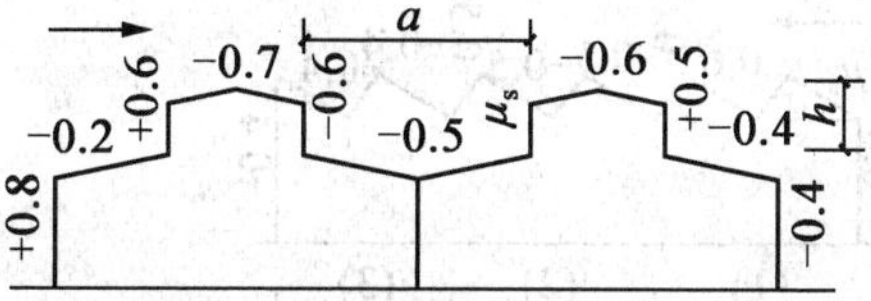

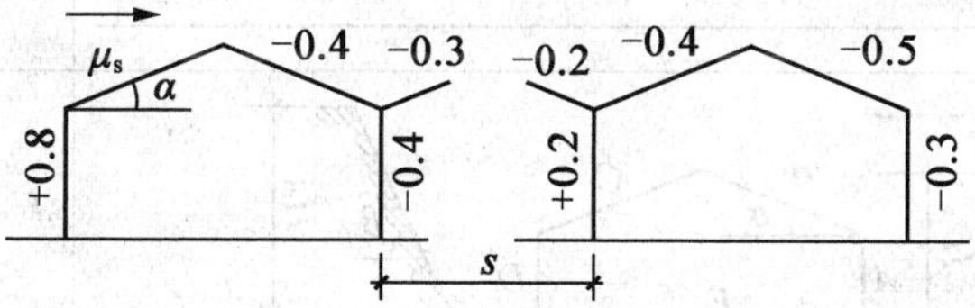

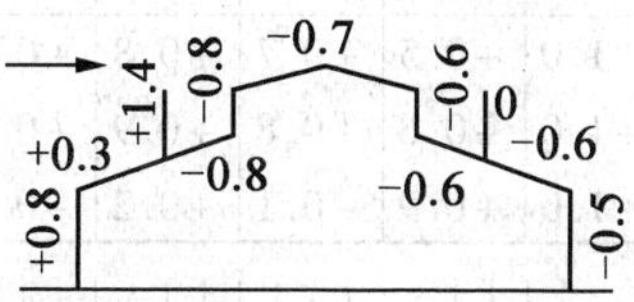

续表 3.15

项次	类别	体型及体型系数 μ_s	备注
22	封闭式锯齿形屋面		1. 迎风坡面的 μ_s 按第 2 项采用； 2. 齿面增多或减少时，可均匀地在(1)、(2)、(3)三个区段内调节
23	封闭式复杂多跨屋面		天窗面的 μ_s 按下列规定采用； 1. 当 $a \leqslant 4h$ 时，取 $\mu_s=0.2$； 2. 当 $a>4h$ 时，取 $\mu_s=0.6$
24	靠山封闭式双坡屋面	(a) 本图适用于 $H_m/H \geqslant 2$ 及 $s/H=0.2\sim0.4$ 的情况 体型系数 μ_s 按下表采用： (b)	—

β	α	A	B	C	D	E
30°	15°	+0.9	-0.4	0.0	+0.2	-0.2
	30°	+0.9	+0.2	-0.2	-0.2	-0.3
	60°	+1.0	+0.7	-0.4	-0.2	-0.5
60°	15°	+1.0	+0.3	+0.4	+0.5	+0.4
	30°	+1.0	+0.4	+0.3	+0.4	+0.2
	60°	+1.0	+0.8	-0.3	0.0	-0.5
90°	15°	+1.0	+0.5	+0.7	+0.8	+0.6
	30°	+1.0	+0.6	+0.8	+0.9	+0.7
	60°	+1.0	+0.9	-0.1	+0.2	-0.4

续表 3.15

<table>
<tr><th>项次</th><th>类别</th><th>体型及体型系数 μ_s</th><th>备注</th></tr>
<tr><td>24</td><td>靠山封闭式双坡屋面</td><td>体形系数 μ_s 按下表采用：
<table>
<tr><th>β</th><th>ABCD</th><th>E</th><th>A′B′C′D′</th><th>F</th></tr>
<tr><td>15°</td><td>−0.8</td><td>+0.9</td><td>−0.2</td><td>−0.2</td></tr>
<tr><td>30°</td><td>−0.9</td><td>+0.9</td><td>−0.2</td><td>−0.2</td></tr>
<tr><td>60°</td><td>−0.9</td><td>+0.9</td><td>−0.2</td><td>−0.2</td></tr>
</table></td><td>—</td></tr>
<tr><td>25</td><td>靠山封闭式带天窗的双坡屋面</td><td> 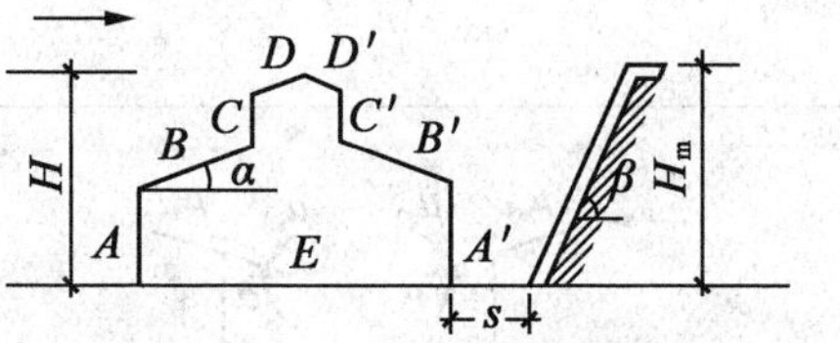本图适用于 $H_m/H \geqslant 2$ 及 $s/H = 0.2 \sim 0.4$ 的情况
体形系数 μ_s 按下表采用：
<table>
<tr><th>β</th><th>A</th><th>B</th><th>C</th><th>D</th><th>D′</th><th>C′</th><th>B′</th><th>A′</th><th>E</th></tr>
<tr><td>30°</td><td>+0.9</td><td>+0.2</td><td>−0.6</td><td>−0.4</td><td>−0.3</td><td>−0.3</td><td>−0.3</td><td>−0.2</td><td>−0.5</td></tr>
<tr><td>60°</td><td>+0.9</td><td>+0.6</td><td>+0.1</td><td>+0.1</td><td>+0.2</td><td>+0.2</td><td>+0.2</td><td>+0.4</td><td>+0.1</td></tr>
<tr><td>90°</td><td>+1.0</td><td>+0.8</td><td>+0.6</td><td>+0.2</td><td>+0.6</td><td>+0.6</td><td>+0.6</td><td>+0.8</td><td>+0.8</td></tr>
</table></td><td>—</td></tr>
<tr><td>26</td><td>单面开敞式双坡屋面</td><td> 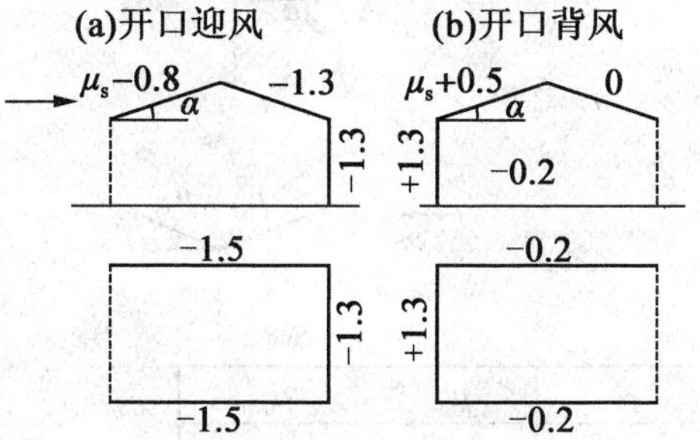(a)开口迎风　(b)开口背风</td><td>迎风坡面的 μ_s 按第 2 项采用</td></tr>
<tr><td>27</td><td>双面开敞及四面开敞式双坡屋面</td><td> 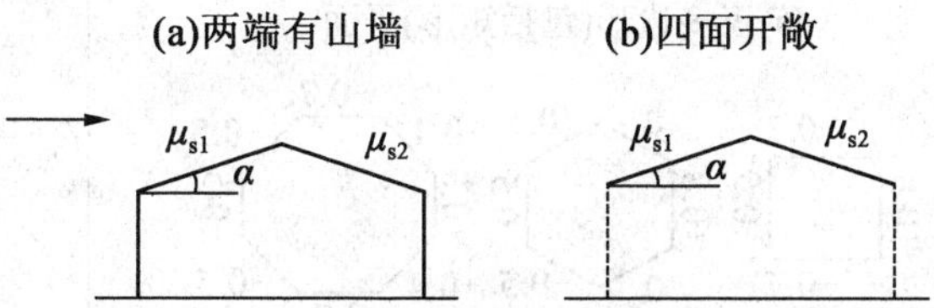(a)两端有山墙　(b)四面开敞
体形系数 μ_s
<table>
<tr><th>α</th><th>μ_{s1}</th><th>μ_{s2}</th></tr>
<tr><td>≤10°</td><td>−1.3</td><td>−0.7</td></tr>
<tr><td>30°</td><td>+1.6</td><td>+0.4</td></tr>
</table></td><td>1. 中间值按线性插值法计算；
2. 本图屋面对风作用敏感，风压时正时负，设计时应考虑 μ_s 值变号的情况；
3. 纵向风荷载对屋面所引起的总水平力，当 $\alpha \geqslant 30°$ 时，为 $0.05Aw_h$；当 $\alpha < 30°$ 时，为 $0.10Aw_h$；其中，A 为屋面的水平投影面积；w_h 为屋面高度 h 处的风压；
4. 当室内对方物品或房屋处于山坡时，屋面吸力应增大，可按第 26 项(a)采用</td></tr>
</table>

续表 3.15

<table>
<tr><th>项次</th><th>类别</th><th>体型及体型系数 μ_s</th><th>备注</th></tr>
<tr><td>28</td><td>前后纵墙半开敞双坡屋面</td><td>μ_s 0.3 α −0.8
+0.5 −0.8</td><td>1. 迎风坡面的 μ_s 按第 2 项采用；
2. 本图适用于墙的上部集中开敞面积 ≥10% 且 <50% 的房屋；
3. 当开敞面积达 50% 时，背风墙面的系数改为 −1.1</td></tr>
<tr><td>29</td><td>单坡及双坡顶盖</td><td>(a)
μ_{s1} μ_{s2} α μ_{s3} μ_{s4} α
<table><tr><th>α</th><th>μ_{s1}</th><th>μ_{s2}</th><th>μ_{s3}</th><th>μ_{s4}</th></tr><tr><td>≤10°</td><td>−1.3</td><td>−0.5</td><td>+1.3</td><td>+0.5</td></tr><tr><td>30°</td><td>−1.4</td><td>−0.6</td><td>+1.4</td><td>+0.6</td></tr></table>(b)
μ_{s1} μ_{s2} α
(c)
μ_{s1} μ_{s2} α
<table><tr><th>α</th><th>μ_{s1}</th><th>μ_{s2}</th></tr><tr><td>≤10°</td><td>+1.0</td><td>+0.7</td></tr><tr><td>30°</td><td>−1.6</td><td>−0.4</td></tr></table></td><td>1. 中间值按线性插值法计算；
2.（b）项体型系数按第 27 项采用；
3.（b）、（c）应考虑第 27 项注 2 和注 3</td></tr>
<tr><td>30</td><td>封闭式房屋和构筑物</td><td>(a)正多边形(包括矩形)平面
−0.7 +0.8 −0.5 −0.7
0 −0.5 +0.8 −0.5 0 −0.5
−0.7 +0.4 −0.5 +0.8 −0.5 +0.4 −0.5 −0.7
(b)Y形平面
−0.7 −0.5 +1.0 −0.5 −0.5 −0.7
40° +0.7 −0.75 +0.9 −0.55 −0.5 −0.5</td><td>—</td></tr>
</table>

续表 3.15

项次	类别	体型及体型系数 μ_s	备注
30	封闭式房屋和构筑物	(c)L形平面 −0.6　+0.8　−0.5　+0.8　−0.6 45°　+0.3　+0.9　−0.6　+0.3　−0.6 (d)∏形平面 −0.7　+0.8　+0.9　−0.5　+0.8　−0.7 (e)十字形平面 −0.6　+0.6　−0.5　+0.8　−0.5　+0.6　−0.5　−0.6 (f)截角三边形平面 −0.45　−0.5　+0.8　−0.5　−0.5　−0.45	—
31	高度超过 45 m 的矩形截面高层建筑	+0.8　H　μ_{s2}　μ_{s1}　B　μ_{s2}　D D/B：≤1　1.2　2　≥4 μ_{s1}：−0.6　−0.5　−0.4　−0.3 μ_{s2}：−0.7	—
32	各种截面的杆件	μ=+1.3	—
33	桁架	(a)　h　l 单榀桁架的体型系数 $\mu_{s1}=\phi\mu_s$ 式中：μ_s 为桁架构件的体型系数，对型钢杆件按第 32 项采用，对圆管杆件按第 37(b)项采用； $\phi=A_n/A$ 为桁架的挡风系数； A_n 为桁架杆件和节点挡风的净投影面积； $A=hl$ 为桁架的轮廓面积。	—

续表 3.15

<table>
<tr><th>项次</th><th>类别</th><th>体型及体型系数 μ_s</th><th>备注</th></tr>
<tr><td>33</td><td>桁架</td><td>
(b)
b b b h
n 榀平行桁架的整体体型系数
$$\mu_{stw}=\mu_{st}\frac{1-\eta^n}{1-\eta}$$
式中：μ_{st} 为单榀桁架的体形系数；
η 系数按下表采用。
<table>
<tr><th>ϕ \ b/h</th><th>≤1</th><th>2</th><th>4</th><th>6</th></tr>
<tr><td>≤0.1</td><td>1.00</td><td>1.00</td><td>1.00</td><td>1.00</td></tr>
<tr><td>0.2</td><td>0.85</td><td>0.90</td><td>0.93</td><td>0.97</td></tr>
<tr><td>0.3</td><td>0.66</td><td>0.75</td><td>0.80</td><td>0.85</td></tr>
<tr><td>0.4</td><td>0.50</td><td>0.60</td><td>0.67</td><td>0.73</td></tr>
<tr><td>0.5</td><td>0.33</td><td>0.45</td><td>0.53</td><td>0.62</td></tr>
<tr><td>0.6</td><td>0.15</td><td>0.30</td><td>0.40</td><td>0.50</td></tr>
</table>
</td><td>—</td></tr>
<tr><td>34</td><td>独立墙壁及围墙</td><td>+1.3</td><td>—</td></tr>
<tr><td>35</td><td>塔架</td><td> 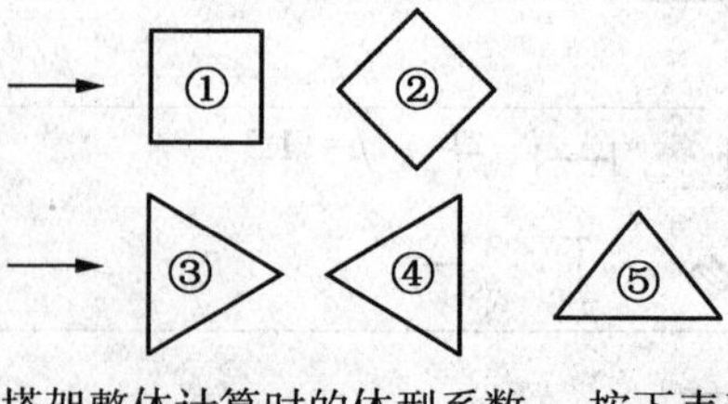
① ② ③ ④ ⑤
(a)角钢塔架整体计算时的体型系数 μ_s 按下表采用。
<table>
<tr><th rowspan="3">挡风系数 ϕ</th><th colspan="3">方形</th><th>三角形</th></tr>
<tr><th rowspan="2">风向①</th><th colspan="2">风向②</th><th rowspan="2">风向
③④⑤</th></tr>
<tr><th>单角钢</th><th>组合角钢</th></tr>
<tr><td>≤0.1</td><td>2.6</td><td>2.9</td><td>3.1</td><td>2.4</td></tr>
<tr><td>0.2</td><td>2.4</td><td>2.7</td><td>2.9</td><td>2.2</td></tr>
<tr><td>0.3</td><td>2.2</td><td>2.4</td><td>2.7</td><td>2.0</td></tr>
<tr><td>0.4</td><td>2.0</td><td>2.2</td><td>2.4</td><td>1.8</td></tr>
<tr><td>0.5</td><td>1.9</td><td>1.9</td><td>2.0</td><td>1.6</td></tr>
</table>
(b)管子及圆钢塔架整体计算时的体型系数 μ_s：
当 $\mu_z w_0 d^2$ 不大于 0.002 时，μ_s 按角钢塔架的 μ_s 值乘以 0.8采用；
当 $\mu_z w_0 d^2$ 不大于 0.015 时，μ_s 按角钢塔架的 μ_s 值乘以 0.6采用。
</td><td>中间值按线性插值法计算</td></tr>
</table>

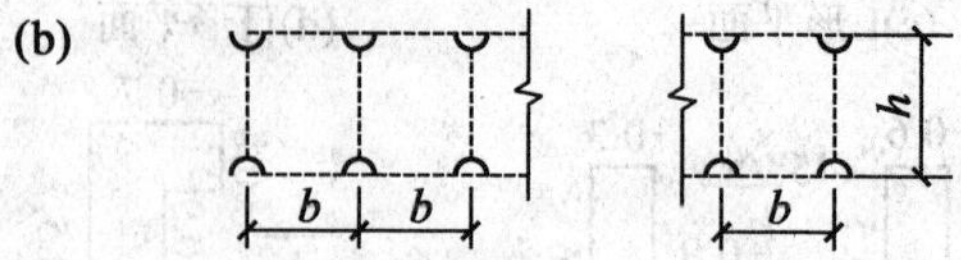

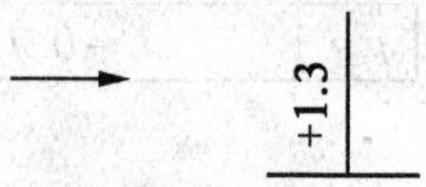

续表 3.15

项次	类别	体型及体型系数 μ_s	备注
36	旋转壳顶	(a) $f/l>\frac{1}{4}$ $\mu_s=0.5\sin^2\phi\sin\psi-\cos^2\phi$ 式中:ψ 为平面角,ϕ 为仰角。 (b) $f/l\leqslant\frac{1}{4}$ $\mu_s=-\cos^2\phi$	—
37	圆截面构筑物(包括烟囱、塔桅等)	(a)局部计算时表面分布的体型系数 (b)整体计算时的体型系数	1.(a)项局部计算用表中的值适用于 $\mu_z w_0 d^2$ 大于0.015的表面光滑情况,其中 w_0 以kN/m²计,d 以m计; 2.(b)项整体计算用表中的指按线性插值法计算;Δ 为表面凸出高度

(a)局部计算时表面分布的体型系数

α	$H/d\geqslant25$	$H/d=7$	$H/d=1$
0°	+1.0	+1.0	+1.0
15°	+0.8	+0.8	+0.8
30°	+0.1	+0.1	+0.1
45°	−0.9	−0.8	−0.7
60°	−1.9	−1.7	−1.2
75°	−2.5	−2.2	−1.5
90°	−2.6	−2.2	−1.7
105°	−1.9	−1.7	−1.2
120°	−0.9	−0.8	−0.7
135°	−0.7	−0.6	−0.5
150°	−0.6	−0.5	−0.4
165°	−0.6	−0.5	−0.4
180°	−0.6	−0.5	−0.4

(b)整体计算时的体型系数

$\mu_z w_0 d^2$	表面情况	$H/d\geqslant25$	$H/d=7$	$H/d=1$
≥0.015	$\Delta\approx0$	0.6	0.5	0.5
	$\Delta=0.02d$	0.9	0.8	0.7
	$\Delta=0.08d$	1.2	1.0	0.8
≤0.002		1.2	0.8	0.7

续表 3.15

项次	类别	体型及体型系数 μ_s	备注
38	架空管道	见下 (a)(b)(c)	1. 本图适用于 $\mu_z\mu_0 d^2 \geqslant 0.015$ 的情况； 2. (b)项前后双管的 μ_s 值为前后两管之和，其中前管为 0.6； 3. (c)项密排多管的 μ_s 值为各管之总和
39	拉索	见下	

38 架空管道

(a)上下双管

s/d	≤0.25	0.5	0.75	1.0	1.5	2.0	≥3.0
μ_s	+1.20	+0.90	+0.75	+0.70	+0.65	+0.63	+0.60

(b)前后双管

s/d	≤0.25	0.5	1.5	3.0	4.0	6.0	8.0	≥3.0
μ_s	+0.68	+0.86	+0.94	+0.99	+1.08	+1.11	+1.14	+1.20

(c)密排多管

$\mu_s = +1.4$

39 拉索

风荷载水平分量 w_x 的体型系数 μ_{sx} 及垂直分量 w_y 的体型系数 μ_{sy} 按下表彩：

α	μ_{sx}	μ_{sy}	α	μ_{sx}	μ_{sy}
0°	0.00	0.00	50°	0.60	0.40
10°	0.05	0.05	60°	0.85	0.10
20°	0.10	0.10	70°	1.20	0.20
30°	0.20	0.25	80°	1.20	0.20
40°	0.35	0.40	90°	1.25	0.00

(7)当多个建筑物，特别是群集的高层建筑，相互间距较近时，宜考虑风力相互干扰的群体效应；一般可将单独建筑物的体型系数 μ_s 乘以相互干扰系数。相互干扰系数可按下列规定确定：

①对矩形平面高层建筑，当单个施扰建筑与受扰建筑高度相近时，根据施扰建筑的位置，对顺风向风荷载可在 1.00～1.10 范围内选取，对横风向风荷载可在 1.00～1.20 范围内选取；

②其他情况可比照类似条件的风洞试验资料确定，必要时宜通过风洞试验确定。

(8)计算围护构件及其连接的风荷载时，可按下列规定采用局部体型系数 μ_{s1}：

①封闭式矩形平面房屋的墙面及屋面可按表 3.16 的规定采用；

②檐口、雨篷、遮阳板、边棱处的装饰条等突出构件，取 -2.0；

③其他房屋和构筑物可按表 3.15 规定体型系数的 1.25 倍取值。

表 3.16　封闭式矩形平面房屋的局部体型系数

项次	类别	体型及局部体形系数	备注
1	封闭式矩形平面房屋的墙面	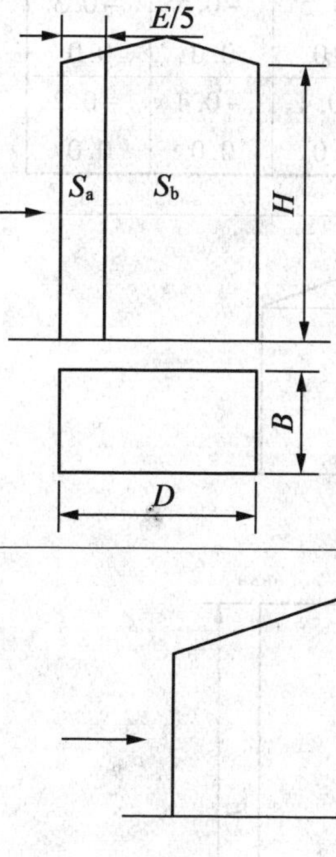 E/5　S_a　S_b　H　B　D 迎风面：1.0 侧面 S_a：-1.4 侧面 S_b：-1.0 背风面：-0.6	E 应取 2H 和迎风宽度 B 中较小者
2	封闭式矩形平面房屋的双坡屋面	α　H E/10　E/10 E/4　R_a R_b　R_c　R_d　R_c　B E/4　R_a D	1. E 应取 2H 和迎风宽度 B 中较小者； 2. 中间值可按线性插值法计算（应对相同符号项插值）； 3. 同时给出两个值的区域应分别考虑正负风压的作用； 4. 风沿纵轴吹来时，靠近山墙的屋面可参照表中 $\alpha \leqslant 5$ 时的 R_a 和 R_b 取值

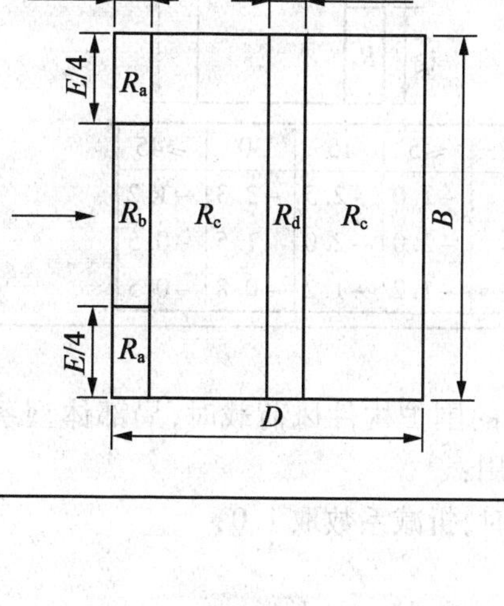

续表 3.16

<table>
<tr><th>项次</th><th>类别</th><th>体型及局部体形系数</th><th>备注</th></tr>
<tr><td>2</td><td>封闭式矩形平房屋的双坡屋面</td><td>
<table>
<tr><th colspan="2">α</th><th>≤5</th><th>15</th><th>30</th><th>≥45</th></tr>
<tr><td rowspan="2">R_a</td><td>$H/D \leqslant 0.5$</td><td>−1.8
0.0</td><td>−1.5
+0.2</td><td rowspan="2">−1.5
+0.7</td><td rowspan="2">0.0
+0.7</td></tr>
<tr><td>$H/D \geqslant 1.0$</td><td>−2.0
0.0</td><td>−2.0
+0.2</td></tr>
<tr><td colspan="2">R_b</td><td>−1.8
0.0</td><td>−1.5
+0.2</td><td>−1.5
+0.7</td><td>0.0
+0.7</td></tr>
<tr><td colspan="2">R_c</td><td>−1.2
0.0</td><td>−0.6
+0.2</td><td>−0.3
+0.4</td><td>0.0
+0.6</td></tr>
<tr><td colspan="2">R_d</td><td>−0.6
+0.2</td><td>−1.5
0.0</td><td>−0.5
0.0</td><td>−0.3
0.0</td></tr>
<tr><td colspan="2">R_e</td><td>−0.6
0.0</td><td>−0.4
0.0</td><td>−0.4
0.0</td><td>−0.2
0.0</td></tr>
</table>
</td><td>1. E 应取 $2H$ 和迎风宽度 B 中较小者；
2. 中间值可按线性插值法计算（应对相同符号项插值）；
3. 同时给出两个值的区域应分别考虑正负风压的作用；
4. 风沿纵轴吹来时，靠近山墙的屋面可参照表中 $\alpha \leqslant 5$ 时的 R_a 和 R_b 取值</td></tr>
<tr><td>3</td><td>封闭式矩形平面房屋的单坡屋面</td><td> 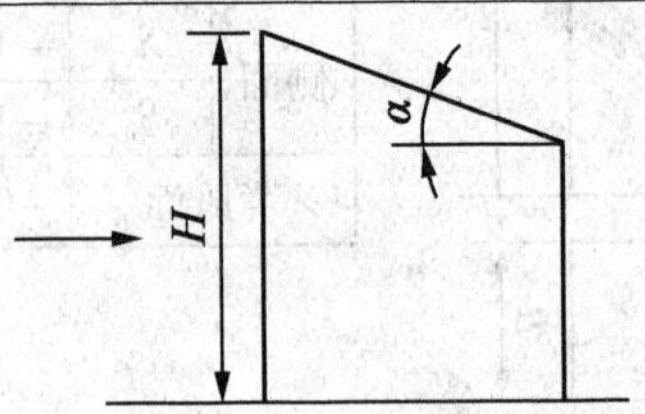 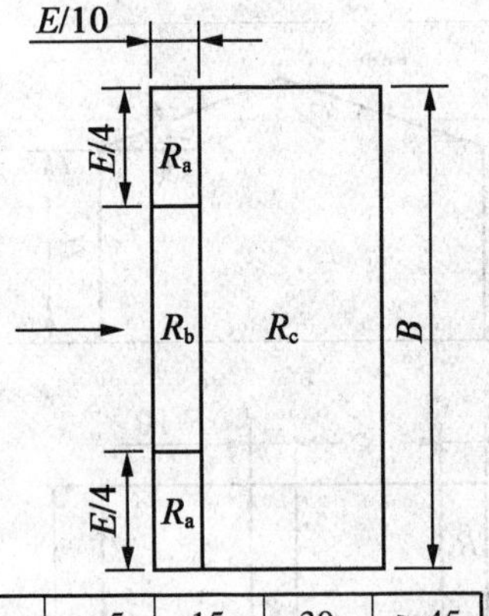
α H
E/10 E/4 E/4 R_a R_b R_c R_a B
<table>
<tr><th>α</th><th>≤5</th><th>15</th><th>30</th><th>≥45</th></tr>
<tr><td>R_a</td><td>−2.0</td><td>−2.5</td><td>−2.3</td><td>−1.2</td></tr>
<tr><td>R_b</td><td>−2.0</td><td>−2.0</td><td>−1.5</td><td>−0.5</td></tr>
<tr><td>R_c</td><td>−1.2</td><td>−1.2</td><td>−0.8</td><td>−0.5</td></tr>
</table>
</td><td>1. E 应取 $2H$ 和迎风宽度 B 中的较小者；
2. 中间值可按线性插值法计算；
3. 迎风坡面可参考第 2 项取值</td></tr>
</table>

（9）计算非直接承受风荷载的围护构件风荷载时，局部体型系数 μ_{s1} 可按构件的从属面积折减，折减系数按下列规定采用：

①当从属面积不大于 1 m^2 时，折减系数取 1.0；

②当从属面积大于或等于 25 m^2 时,对墙面折减系数取 0.8,对局部体型系数绝对值大于 1.0 的屋面区域折减系数取 0.6,对其他屋面区域折减系数取 1.0;

③当从属面积大于 1 m^2 小于 25 m^2 时,墙面和绝对值大于 1.0 的屋面局部体型系数可采用对数插值,即按下式计算局部体型系数:

$$\mu_{s1}(A)=\mu_{s1}(1)+[\mu_{s1}(25)-\mu_{s1}(1)]\log A/1.4 \tag{3.4}$$

(10)计算围护构件风荷载时,建筑物内部压力的局部体型系数可按下列规定采用:

①封闭式建筑物,按其外表面风压的正负情况取 -0.2 或 0.2;

②仅一面墙有主导洞口的建筑物,按下列规定采用:

a. 当开洞率大于 0.02 且小于或等于 0.10 时,取 $0.4\mu_{s1}$;

b. 当开洞率大于 0.10 且小于或等于 0.30 时,取 $0.6\mu_{s1}$;

c. 当开洞率大于 0.30 时,取 $0.8\mu_{s1}$。

③其他情况,应按开放式建筑物的 μ_{s1} 取值。

注意:1. 主导洞口的开洞率是指单个主导洞口面积与该墙面全部面积之比。

2. μ_{s1} 应取主导洞口对应位置的值。

(11)建筑结构的风洞试验,其试验设备、试验方法和数据处理应符合相关规范的规定。

(12)计算围护构件(包括门窗)风荷载时的阵风系数应按表 3.17 确定。

表 3.17　阵风系数 β_{gz}

离地面高度/m	地面粗糙度类别			
	A	B	C	D
5	1.65	1.70	2.05	2.40
10	1.60	1.70	2.05	2.40
15	1.57	1.66	2.05	2.40
20	1.55	1.63	1.99	2.40
30	1.53	1.59	1.90	2.40
40	1.51	1.57	1.85	2.29
50	1.49	1.55	1.81	2.20
60	1.48	1.54	1.78	2.14
70	1.48	1.52	1.75	2.09
80	1.47	1.51	1.73	2.04
90	1.46	1.50	1.71	2.01
100	1.46	1.50	1.69	1.98
150	1.43	1.47	1.63	1.87
200	1.42	1.45	1.59	1.79
250	1.41	1.43	1.57	1.74
300	1.40	1.42	1.54	1.70
350	1.40	1.41	1.53	1.67

续表 3.17

离地面高度/m	地面粗糙度类别			
	A	B	C	D
400	1.40	1.41	1.51	1.64
450	1.40	1.41	1.50	1.62
500	1.40	1.41	1.50	1.60
550	1.40	1.41	1.50	1.59

3.1.6 温度作用

(1)温度作用应考虑气温变化、太阳辐射及使用热源等因素,作用在结构或构件上的温度作用应采用其温度的变化来表示。

(2)计算结构或构件的温度作用效应时,应采用材料的线膨胀系数 α_T。常用材料的线膨胀系数可按表 3.18 采用。

表 3.18 常用材料的线膨胀系数 α_T

材料	线膨胀系数 α_T($\times 10^{-6}$/℃)
轻骨料混凝土	7
普通混凝土	10
砌体	6~10
钢、锻铁、铸铁	12
不锈钢	16
铝、铝合金	24

(3)温度作用的组合值系数、频遇值系数和准永久值系数可分别取 0.6、0.5 和 0.4。

(4)结构最高平均温度 $T_{s,max}$ 和最低平均温度 $T_{s,min}$ 宜分别根据基本气温 T_{max} 和 T_{min} 按热工学的原理确定。对于有围护的室内结构,结构平均温度应考虑室内外温差的影响;对于暴露于室外的结构或施工期间的结构,宜依据结构的朝向和表面吸热性质考虑太阳辐射的影响。

(5)结构的最高初始平均温度 $T_{0,max}$ 和最低初始平均温度 $T_{0,min}$ 应根据结构的合拢或形成约束的时间确定,或根据施工时结构可能出现的温度按不利情况确定。

3.2 抗震设防与抗震措施

3.2.1 抗震设防

抗震设防是各类工程结构按照规定的可靠性要求和技术经济水平所确定的统一的抗震

技术要求,是对房屋进行抗震设计和采取抗震构造措施来达到抗震效果的过程。

《建筑工程抗震设防分类标准》(GB 50223—2008)将建筑工程分为以下四个抗震设防类别:

(1)特殊设防类:指使用上有特殊设施,涉及国家公共安全的重大建筑工程和地震时可能发生严重次生灾害等特别重大灾害后果,需要进行特殊设防的建筑。简称甲类。

(2)重点设防类:指地震时使用功能不能中断或需尽快恢复的生命线相关建筑,以及地震时可能导致大量人员伤亡等重大灾害后果,需要提高设防标准的建筑。简称乙类。

(3)标准设防类:指大量的除1、2、4款以外按标准要求进行设防的建筑。简称丙类。

(4)适度设防类:指使用上人员稀少且震损不致产生次生灾害,允许在一定条件下适度降低要求的建筑。简称丁类。

各抗震设防类别建筑的抗震设防标准,应符合下列要求:

(1)标准设防类,应按本地区抗震设防烈度确定其抗震措施和地震作用,达到在遭遇高于当地抗震设防烈度的预估罕遇地震影响时不致倒塌或发生危及生命安全的严重破坏的抗震设防目标。

(2)重点设防类,应按高于本地区抗震设防烈度一度的要求加强其抗震措施;但抗震设防烈度为9度时应按比9度更高的要求采取抗震措施;地基基础的抗震措施,应符合有关规定。同时,应按本地区抗震设防烈度确定其地震作用。

(3)特殊设防类,应按高于本地区抗震设防烈度提高一度的要求加强其抗震措施;但抗震设防烈度为9度时应按比9度更高的要求采取抗震措施。同时,应按批准的地震安全性评价的结果且高于本地区抗震设防烈度的要求确定其地震作用。

(4)适度设防类,允许比本地区抗震设防烈度的要求适当降低其抗震措施,但抗震设防烈度为6度时不应降低。一般情况下,仍应按本地区抗震设防烈度确定其地震作用。

3.2.2　抗震措施

抗震措施是指除地震作用计算和抗力计算以外的抗震设计内容,包括抗震构造措施。

1. 多层和高层钢筋混凝土房屋

(1)框架的基本抗震构造措施。

①梁的截面尺寸,宜符合下列各项要求:

a. 截面宽度不宜小于200 mm;

b. 截面高宽比不宜大于4;

c. 净跨与截面高度之比不宜小于4。

②梁宽大于柱宽的扁梁应符合下列要求:

a. 采用扁梁的楼、屋盖应现浇,梁中线宜与柱中线重合,扁梁应双向布置。扁梁的截面尺寸应符合下列要求,并应满足现行有关规范对挠度和裂缝宽度的规定:

$$b_b \leqslant 2b_c \tag{3.5}$$

$$b_b \leqslant b_c + h_b \tag{3.6}$$

$$h_b \geqslant 16d \tag{3.7}$$

式中　b_c——柱截面宽度,圆形截面取柱直径的0.8倍;

b_b、h_b——分别为梁截面宽度和高度;

d——柱纵筋直径。

b. 扁梁不宜用于一级框架结构。

③梁的钢筋配置，应符合下列各项要求：

a. 梁端计入受压钢筋的混凝土受压区高度和有效高度之比，一级不应大于0.25，二、三级不应大于0.35。

b. 梁端截面的底面和顶面纵向钢筋配筋量的比值，除按计算确定外，一级不应小于0.5，二、三级不应小于0.3。

c. 梁端箍筋加密区的长度、箍筋最大间距和最小直径应按表3.19采用，当梁端纵向受拉钢筋配筋率大于2%时，表中箍筋最小直径数值应增大2 mm。

表3.19 梁端箍筋加密区的长度、箍筋的最大间距和最小直径

抗震等级	加密区长度(采用较大值)/mm	箍筋最大间距(采用最小值)/mm	箍筋最小直径/mm
一	$2h_b$,500	$h_b/4$,$6d$,100	10
二	$1.5h_b$,500	$h_b/4$,$8d$,100	8
三	$1.5h_b$,500	$h_b/4$,$8d$,150	8
四	$1.5h_b$,500	$h_b/4$,$8d$,150	6

注：1. d为纵向钢筋直径，h_b为梁截面高度；

2. 箍筋直径大于12 mm、数量不少于4肢且肢距不大于150 mm时，一、二级的最大间距允许适当放宽，但不得大于150 mm。

④梁的钢筋配置，尚应符合下列规定：

a. 梁端纵向受拉钢筋的配筋率不宜大于2.5%。沿梁全长顶面、底面的配筋，一、二级不应少于$2\phi14$，且分别不应少于梁顶面、底面两端纵向配筋中较大截面面积的1/4；三、四级不应少于$2\phi12$。

b. 一、二、三级框架梁内贯通中柱的每根纵向钢筋直径，对框架结构不应大于矩形截面柱在该方向截面尺寸的1/20，或纵向钢筋所在位置圆形截面柱弦长的1/20；对其他结构类型的框架不宜大于矩形截面柱在该方向截面尺寸的1/20，或纵向钢筋所在位置圆形截面柱弦长的1/20。

c. 梁端加密区的箍筋肢距，一级不宜大于200 mm和20倍箍筋直径的较大值，二、三级不宜大于250 mm和20倍箍筋直径的较大值，四级不宜大于300 mm。

⑤柱的截面尺寸，宜符合下列各项要求：

a. 截面的宽度和高度，四级或不超过2层时不宜小于300 mm，一、二、三级且超过2层时不宜小于400 mm；圆柱的直径，四级或不超过2层时不宜小于350 mm，一、二、三级且超过2层时不宜小于450 mm。

b. 剪跨比宜大于2。

c. 截面长边与短边的边长比不宜大于3。

⑥柱轴压比不宜超过表3.20的规定；建造于Ⅳ类场地且较高的高层建筑，柱轴压比限值应适当减小。

表 3.20　柱轴压比限值

结构类型	抗震等级			
	一	二	三	四
框架结构	0.65	0.75	0.85	0.90
框架－抗震墙、板柱－抗震墙、框架－核心筒，筒中筒	0.75	0.85	0.90	0.95
部分框支抗震墙	0.6	0.70	—	

注：1. 轴压比指柱组合的轴压力设计值与柱的全截面面积和混凝土轴心抗压强度设计值乘积之比值；对《建筑抗震设计规范》(GB 50011—2010)规定不进行地震作用计算的结构，可取无地震作用组合的轴力设计值计算；

2. 表内限值适用于剪跨比大于 2、混凝土强度等级不高于 C60 的柱；剪跨比不大于 2 的柱，轴压比限值应降低 0.05；剪跨比小于 1.5 的柱，轴压比限值应专门研究并采取特殊构造措施；

3. 沿柱全高采用井字复合箍且箍筋肢距不大于 200 mm、间距不大于 100 mm、直径不小于 12 mm，或沿柱全高采用复合螺旋箍、螺旋间距不大于 100 mm、箍筋肢距不大于 200 mm、直径不小于 12 mm，或沿柱全高采用连续复合矩形螺旋箍、螺旋净距不大于 80 mm、箍筋肢距不大于 200 mm、直径不小于 10 mm，轴压比限值均可增加 0.10；上述三种箍筋的最小配箍特征值均应按增大的轴压比由表 3.23 确定；

4. 在柱的截面中部附加芯柱，其中另加的纵向钢筋的总面积不少于柱截面面积的 0.8%，轴压比限值可增加 0.05；此项措施与注 3 的措施共同采用时，轴压比限值可增加 0.15，但箍筋的体积配箍率仍可按轴压比增加 0.10 的要求确定；

5. 柱轴压比不应大于 1.05。

⑦柱的钢筋配置，应符合下列各项要求：

a. 柱纵向受力钢筋的最小总配筋率应按表 3.21 采用，同时每侧配筋率不应小于0.2%；对建造于Ⅳ类场地且较高的高层建筑，最小总配筋率应增加 0.1%。

表 3.21　柱截面纵向钢筋的最小总配筋率(百分率)

结构类型	抗震等级			
	一	二	三	四
中柱和边柱	0.9(1.0)	0.7(0.8)	0.6(0.7)	0.5(0.6)
角柱、框支柱	1.1	0.9	0.8	0.7

注：1. 表中括号内数值用于框架结构的柱；

2. 钢筋强度标准值小于 400 MPa 时，表中数值应增加 0.1，钢筋强度标准值为 400 MPa 时，表中数值应增加 0.05；

3. 混凝土强度等级高于 C60 时，上述数值应相应增加 0.1。

b. 柱箍筋在规定的范围内应加密，加密区的箍筋间距和直径，应符合下列要求：

Ⅰ. 一般情况下，箍筋的最大间距和最小直径，应按表 3.22 采用。

表3.22　柱箍筋加密区的箍筋最大间距和最小直径

抗震等级	箍筋最大间距(采用较小值,mm)	箍筋最小直径/mm
一	6*d*,100	10
二	8*d*,100	8
三	8*d*,150(柱根100)	8
四	8*d*,150(柱根100)	6(柱根8)

注:1. *d* 为柱纵筋最小直径:

2. 柱根指底层柱下端箍筋加密区。

Ⅱ. 一级框架柱的箍筋直径大于12 mm且箍筋肢距不大于150 mm及二级框架柱的箍筋直径不小于10 mm且箍筋肢距不大于200 mm时,除底层柱下端外,最大间距应允许采用150 mm;三级框架柱的截面尺寸不大于400 mm时,箍筋最小直径应允许采用6 mm;四级框架柱剪跨比不大于2时,箍筋直径不应小于8 mm。

Ⅲ. 框支柱和剪跨比不大于2的框架柱,箍筋间距不应大于100 mm。

⑧柱的纵向钢筋配置,尚应符合下列规定:

a. 柱的纵向钢筋宜对称配置。

b. 截面边长大于400 mm的柱,纵向钢筋间距不宜大于200 mm。

c. 柱总配筋率不应大于5%;剪跨比不大于2的一级框架的柱,每侧纵向钢筋配筋率不宜大于1.2%。

d. 边柱、角柱及抗震墙端柱在小偏心受拉时,柱内纵筋总截面面积应比计算值增加25%。

e. 柱纵向钢筋的绑扎接头应避开柱端的箍筋加密区。

⑨柱的箍筋配置,尚应符合下列要求:

a. 柱的箍筋加密范围,应按下列规定采用:

Ⅰ. 柱端,取截面高度(圆柱直径)、柱净高的1/6和500 mm三者的最大值;

Ⅱ. 底层柱的下端不小于柱净高的1/3;

Ⅲ. 刚性地面上下各500mm;

Ⅳ. 剪跨比不大于2的柱、因设置填充墙等形成的柱净高与柱截面高度之比不大于4的柱、框支柱、一级和二级框架的角柱,取全高。

b. 柱箍筋加密区的箍筋肢距,一级不宜大于200 mm,二、三级不宜大于250 mm,四级不宜大于300 mm。至少每隔一根纵向钢筋宜在两个方向有箍筋或拉筋约束;采用拉筋复合箍时,拉筋宜紧靠纵向钢筋并钩住箍筋。

c. 柱箍筋加密区的体积配箍率,应按下列规定采用:

Ⅰ. 柱箍筋加密区的体积配箍率应符合下式要求:

$$\rho_v \geqslant \lambda_v f_c / f_{yv} \tag{3.8}$$

式中　ρ_v——柱箍筋加密区的体积配箍率,一级不应小于0.8%,二级不应小于0.6%,三、四级不应小于0.4%;计算复合螺旋箍的体积配箍率时,其非螺旋箍的箍筋体积应乘以折减系数0.80;

f_c——混凝土轴心抗压强度设计值,强度等级低于C35时,应按C35计算;

f_{yv}——箍筋或拉筋抗拉强度设计值；

λ_v——最小配箍特征值，宜按表3.23采用。

表3.23　柱箍筋加密区的箍筋最小配箍特征值

抗震等级	箍筋形式	柱轴压比								
		≤0.3	0.4	0.5	0.6	0.7	0.8	0.9	1.0	1.05
一	普通箍、复合箍	0.10	0.11	0.13	0.15	0.17	0.20	0.23	—	—
一	螺旋箍、复合或连续复合矩形螺旋箍	0.08	0.09	0.11	0.13	0.15	0.18	0.21	—	—
二	普通箍、复合箍	0.08	0.09	0.11	0.13	0.15	0.17	0.19	0.22	0.24
二	螺旋箍、复合或连续复合矩形螺旋箍	0.06	0.07	0.09	0.11	0.13	0.15	0.17	0.20	0.22
三、四	普通箍、复合箍	0.06	0.07	0.09	0.11	0.13	0.15	0.17	0.20	0.22
三、四	螺旋箍、复合或连续复合矩形螺旋箍	0.05	0.06	0.07	0.09	0.11	0.13	0.15	0.18	0.20

注：普通箍指单个矩形箍和单个圆形箍，复合箍指由矩形、多边形、圆形箍或拉筋组成的箍筋；复合螺旋箍指由螺旋箍与矩形、多边形、圆形箍或拉筋组成的箍筋；连续复合矩形螺旋箍指用一根通长钢筋加工而成的箍筋。

Ⅱ.框支柱宜采用复合螺旋箍或井字复合箍，其最小配箍特征值应比表3.23内数值增加0.02，且体积配箍率不应小于1.5%。

Ⅲ.剪跨比不大于2的柱宜采用复合螺旋箍或井字复合箍，其体积配箍率不应小于1.2%，9度一级时不应小于1.5%。

d.柱箍筋非加密区的箍筋配置，应符合下列要求：

Ⅰ.柱箍筋非加密区的体积配箍率不宜小于加密区的50%。

Ⅱ.箍筋间距，一、二级框架柱不应大于10倍纵向钢筋直径，三、四级框架柱不应大于15倍纵向钢筋直径。

(2)抗震墙结构的基本抗震构造措施。

①抗震墙的厚度，一、二级不应小于160 mm且不宜小于层高或无支长度的1/20，三、四级不应小于140 mm且不小于层高或无支长度的1/25；无端柱或翼墙时，一、二级不宜小于层高或无支长度的1/16，三、四级不宜小于层高或无支长度的1/20。

底部加强部位的墙厚，一、二级不应小于200 mm且不宜小于层高或无支长度的1/16，三、四级不应小于160 mm且不宜小于层高或无支长度的1/20；无端柱或翼墙时，一、二级不宜小于层高或无支长度的1/12，三、四级不宜小于层高或无支长度的1/16。

②一、二、三级抗震墙在重力荷载代表值作用下墙肢的轴压比，一级时，9度不宜大于0.4，7、8度不宜大于0.5；二、三级时不宜大于0.6。

注意：墙肢轴压比指墙的轴压力设计值与墙的全截面面积和混凝土轴心抗压强度设计值乘积之比值。

③抗震墙竖向、横向分布钢筋的配筋，应符合下列要求：

a. 一、二、三级抗震墙的竖向和横向分布钢筋最小配筋率均不应小于0.25%，四级抗震墙分布钢筋最小配筋率不应小于0.20%。

注意：高度小于24 m且剪压比很小的四级抗震墙，其竖向分布筋的最小配筋率应允许按0.15%采用。

b. 部分框支抗震墙结构的落地抗震墙底部加强部位，竖向和横向分布钢筋配筋率均不应小于0.3%。

④抗震墙竖向和横向分布钢筋的配置，尚应符合下列规定：

a. 抗震墙的竖向和横向分布钢筋的间距不宜大于300 mm，部分框支抗震墙结构的落地抗震墙底部加强部位，竖向和横向分布钢筋的间距不宜大于200 mm。

b. 抗震墙厚度大于140 mm时，其竖向和横向分布钢筋应双排布置，双排分布钢筋间拉筋的间距不宜大于600 mm，直径不应小于6 mm。

c. 抗震墙竖向和横向分布钢筋的直径，均不宜大于墙厚的1/10且不应小于8 mm；竖向钢筋直径不宜小于10 mm。

⑤抗震墙两端和洞口两侧应设置边缘构件，边缘构件包括暗柱、端柱和翼墙，并应符合下列要求：

a. 对于抗震墙结构，底层墙肢底截面的轴压比不大于表3.24规定的一、二、三级抗震墙及四级抗震墙，墙肢两端可设置构造边缘构件，构造边缘构件的范围可按图3.1采用，构造边缘构件的配筋除应满足受弯承载力要求外，并宜符合表3.25的要求。

表3.24　抗震墙设置构造边缘构件的最大轴压比

抗震等级或烈度	一级(9度)	一级(7、8度)	二、三级
轴压比	0.1	0.2	0.3

表3.25　抗震墙构造边缘构件的配筋要求

<table>
<tr><th rowspan="3">抗震等级</th><th colspan="3">底部加强部位</th><th colspan="3">其他部位</th></tr>
<tr><th rowspan="2">纵向钢筋最小量
(取较大值)</th><th colspan="2">箍筋</th><th rowspan="2">纵向钢筋最小量
(取较大值)</th><th colspan="2">拉筋</th></tr>
<tr><th>最小直径
/mm</th><th>沿竖向最大间距
/mm</th><th>最小直径
/mm</th><th>沿竖向最大间距
/mm</th></tr>
<tr><td>一</td><td>$0.010A_c$，6ϕ16</td><td>8</td><td>100</td><td>$0.008A_c$，6ϕ14</td><td>8</td><td>150</td></tr>
<tr><td>二</td><td>$0.008A_c$，6ϕ14</td><td>8</td><td>150</td><td>$0.006A_c$，6ϕ12</td><td>8</td><td>200</td></tr>
<tr><td>三</td><td>$0.006A_c$，6ϕ12</td><td>6</td><td>150</td><td>$0.005A_c$，4ϕ12</td><td>6</td><td>200</td></tr>
<tr><td>四</td><td>$0.005A_c$，4ϕ12</td><td>6</td><td>200</td><td>$0.004A_c$，4ϕ12</td><td>6</td><td>250</td></tr>
</table>

注：1. A_c为边缘构件的截面面积；

2. 其他部位的拉筋，水平间距不应大于纵筋间距的2倍；转角处宜采用箍筋；

3. 当端柱承受集中荷载时，其纵向钢筋、箍筋直径和间距应满足柱的相应要求。

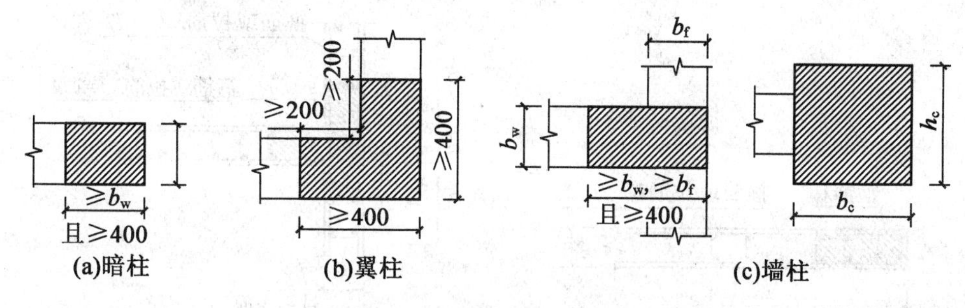

图3.1　抗震墙的构造边缘构件范围

b. 底层墙肢底截面的轴压比大于表3.24规定的一、二、三级抗震墙，以及部分框支抗震墙结构的抗震墙，应在底部加强部位及相邻的上一层设置约束边缘构件，在以上的其他部位可设置构造边缘构件。约束边缘构件沿墙肢的长度、配箍特征值、箍筋和纵向钢筋宜符合表3.26的要求（图3.2）。

表3.26　抗震墙约束边缘构件的范围及配筋要求

项目	一级（9度）		一级（8度）		二、三级	
	$\lambda \leqslant 0.2$	$\lambda > 0.2$	$\lambda \leqslant 0.3$	$\lambda > 0.3$	$\lambda \leqslant 0.4$	$\lambda > 0.4$
l_c（暗柱）	$0.20h_W$	$0.25h_W$	$0.15h_W$	$0.20h_W$	$0.15h_W$	$0.20h_W$
l_c（翼墙或端柱）	$0.15h_W$	$0.20h_W$	$0.10h_W$	$0.15h_W$	$0.10h_W$	$0.15h_W$
λ_v	0.12	0.20	0.12	0.20	0.12	0.20
纵向钢筋（取较大值）	$0.012A_c$，$8\phi16$		$0.012A_c$，$8\phi16$		$0.010A_c$，$6\phi16$（三级$6\phi14$）	
箍筋或拉筋沿竖向间距	100 mm		100 mm		150 mm	

注：1. 抗震墙的翼墙长度小于其3倍厚度或端柱截面边长小于2倍墙厚时，按无翼墙、无端柱查表；

2. l_c为约束边缘构件沿墙肢长度，且不小于墙厚和400 mm；有翼墙或端柱时不应小于翼墙厚度或端柱沿墙肢方向截面高度加300 mm；

3. λ_v为约束边缘构件的配箍特征值，体积配箍率可按式（3.8）计算，并可适当计入满足构造要求且在墙端有可靠锚固的水平分布钢筋的截面面积；

4. h_W为抗震墙墙肢长度；

5. λ为墙肢轴压比；

6. A_c为图3.2中约束边缘构件阴影部分的截面面积。

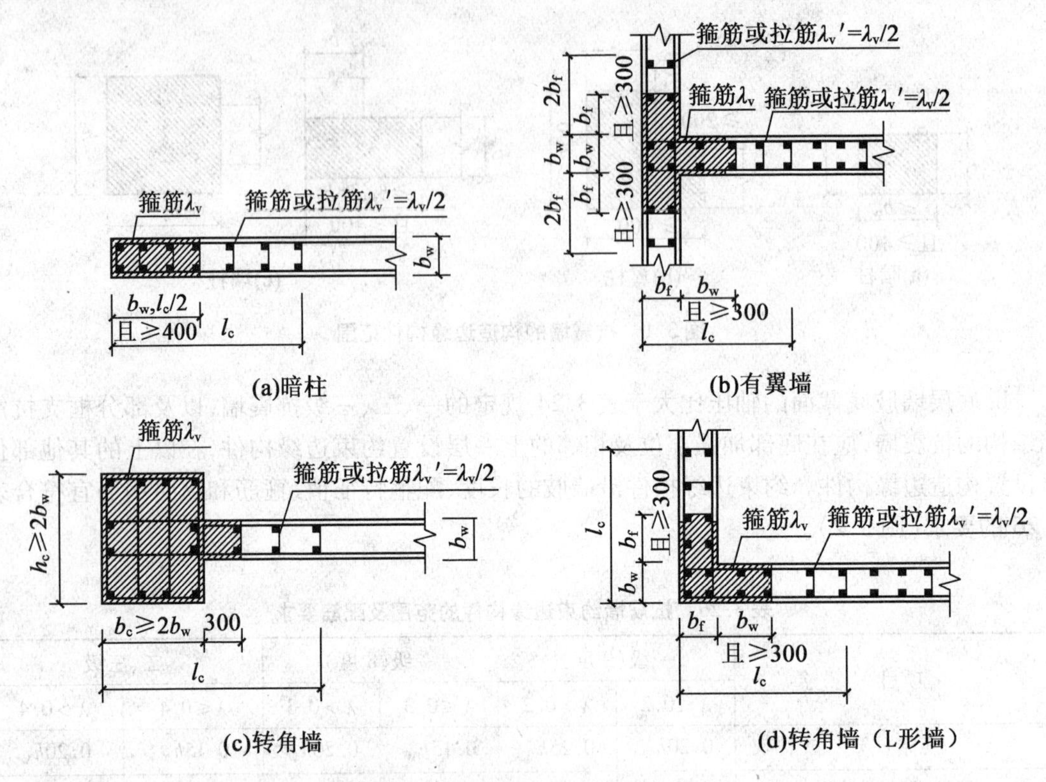

图 3.2 抗震墙的约束边缘构件

⑥抗震墙的墙肢长度不大于墙厚的 3 倍时，应按柱的有关要求进行设计；矩形墙肢的厚度不大于 300 mm 时，尚宜全高加密箍筋。

⑦跨高比较小的高连梁，可设水平缝形成双连梁、多连梁或采取其他加强受剪承载力的构造。顶层连梁的纵向钢筋伸入墙体的锚固长度范围内，应设置箍筋。

(3)框架－抗震墙结构的基本抗震构造措施。

①框架－抗震墙结构的抗震墙厚度和边框设置，应符合下列要求：

a. 抗震墙的厚度不应小于 160 mm 且不宜小于层高或无支长度的 1/20，底部加强部位的抗震墙厚度不应小于 200 mm 且不宜小于层高或无支长度的 1/16。

b. 有端柱时，墙体在楼盖处宜设置暗梁，暗梁的截面高度不宜小于墙厚和 400 mm 的较大值；端柱截面宜与同层框架柱相同，并应满足《建筑抗震设计规范》(GB 50011—2010)第 6.3 节对框架柱的要求；抗震墙底部加强部位的端柱和紧靠抗震墙洞口的端柱宜按柱箍筋加密区的要求沿全高加密箍筋。

②抗震墙的竖向和横向分布钢筋，配筋率均不应小于 0.25%，钢筋直径不宜小于10 mm，间距不宜大于 300 mm，并应双排布置，双排分布钢筋间应设置拉筋。

③楼面梁与抗震墙平面外连接时，不宜支撑在洞口连梁上；沿梁轴线方向宜设置与梁连接的抗震墙，梁的纵筋应锚固在墙内；也可在支承梁的位置设置扶壁柱或暗柱，并应按计算确定其截面尺寸和配筋。

2. 多层砌体房屋和底部框架砌体房屋

(1)多层砖砌体房屋抗震构造措施。

①各类多层砖砌体房屋，应按下列要求设置现浇钢筋混凝土构造柱（以下简称构造柱）：

a. 构造柱设置部位，一般情况下应符合表3.27的要求。

b. 外廊式和单面走廊式的多层房屋，应根据房屋增加一层的层数，按表3.27的要求设置构造柱，且单面走廊两侧的纵墙均应按外墙处理。

c. 横墙较少的房屋，应根据房屋增加一层的层数，按表3.27的要求设置构造柱。当横墙较少的房屋为外廊式或单面走廊式时，应按b中要求设置构造柱；但6度不超过四层、7度不超过三层和8度不超过二层时，应按增加二层的层数对待。

d. 各层横墙很少的房屋，应按增加二层的层数设置构造柱。

e. 采用蒸压灰砂砖和蒸压粉煤灰砖的砌体房屋，当砌体的抗剪强度仅达到普通黏土砖砌体的70%时，应根据增加一层的层数按a～d中的要求设置构造柱；但6度不超过四层、7度不超过三层和8度不超过二层时，应按增加二层的层数对待。

表3.27　多层砖砌体房屋构造柱设置要求

<table>
<tr><th colspan="4">房屋层数</th><th colspan="2" rowspan="2">设置部位</th></tr>
<tr><th>6度</th><th>7度</th><th>8度</th><th>9度</th></tr>
<tr><td>四、五</td><td>三、四</td><td>二、三</td><td></td><td rowspan="3">楼、电梯间四角、楼梯斜梯段上下端对应的墙体处
外墙四角和对应转角
错层部位横墙与外纵墙交接处
较大洞口两侧</td><td>隔12 m或单元横墙与外纵墙交接处
楼梯间对应的另一侧内横墙与外纵墙交接处</td></tr>
<tr><td>六</td><td>五</td><td>四</td><td>二</td><td>隔开间横墙（轴线）与外墙交接处
山墙与内纵墙交接处</td></tr>
<tr><td>七</td><td>≥六</td><td>≥五</td><td>≥三</td><td>内墙（轴线）与外墙交接处
内横墙的局部较小墙垛处
内纵墙与横墙（轴线）交接处</td></tr>
</table>

注：较大洞口，内墙指不小于2.1 m的洞口；外墙在内外墙交接处已设置构造柱时应允许适当放宽，但洞侧墙体应加强。

②多层砖砌体房屋的构造柱应符合下列构造要求：

a. 构造柱最小截面可采用180 mm×240 mm（墙厚190 mm时为180 mm×190 mm），纵向钢筋宜采用4ϕ12，箍筋间距不宜大于250 mm，且在柱上下端应适当加密；6、7度时超过六层、8度时超过五层和9度时，构造柱纵向钢筋宜采用4ϕ14，箍筋间距不应大于200 mm；房屋四角的构造柱应适当加大截面及配筋。

b. 构造柱与墙连接处应砌成马牙槎，沿墙高每隔500 mm设2ϕ6水平钢筋和ϕ4分布短筋平面内点焊组成的拉结网片或ϕ4点焊钢筋网片，每边伸入墙内不宜小于1 m。6、7度时底部1/3楼层，8度时底部1/2楼层，9度时全部楼层，上述拉结钢筋网片应沿墙体水平通长设置。

c. 构造柱与圈梁连接处，构造柱的纵筋应在圈梁纵筋内侧穿过，保证构造柱纵筋上下贯通。

d. 构造柱可不单独设置基础，但应伸入室外地面下500 mm，或与埋深小于500 mm的基础圈梁相连。

e. 房屋高度和层数接近表 3.28 的限值时，纵、横墙内构造柱间距尚应符合下列要求：

Ⅰ. 横墙内的构造柱间距不宜大于层高的二倍；下部 1/3 楼层的构造柱间距适当减小；

Ⅱ. 当外纵墙开间大于 3.9 m 时，应另设加强措施。内纵墙的构造柱间距不宜大于 4.2 m。

表 3.28　房屋的层数和总高度限值　　单位：m

房屋类型		最小抗震墙厚度/mm	烈度和设计基本地震加速度											
			6		7				8				9	
			0.05g		0.10g		0.15g		0.20g		0.30g		0.40g	
			高度	层数	高度	层数	高度	层数	高度	层数	高度	层数	高度	层数
多层砌体房屋	普通砖	240	21	7	21	7	21	7	18	6	15	5	12	4
	多孔砖	240	21	7	21	7	18	6	18	6	15	5	9	3
	多孔砖	190	21	7	18	6	15	5	15	5	12	4	—	—
	小砌块	190	21	7	21	7	18	6	18	6	15	5	9	3
底部框架－抗震墙房屋	普通砖、多孔砖	240	22	7	22	7	19	6	16	5	—	—	—	—
	多孔砖	190	22	7	19	6	16	5	13	4	—	—	—	—
	小砌块	190	22	7	22	7	19	6	16	5	—	—	—	—

注：1. 房屋的总高度指室外地面到主要屋面板板顶或檐口的高度，半地下室从地下室室内地面算起，全地下室和嵌固条件好的半地下室应允许从室外地面算起；对带阁楼的坡屋面应算到山尖墙的 1/2 高度处。

2. 室内外高差大于 0.6 m 时，房屋总高度应允许比表中的数据适当增加，但增加量应少于 1.0 m。

3. 乙类的多层砌体房屋仍按本地区设防烈度查表，其层数应减少一层且总高度应降低 3 m；不应采用底部框架－抗震墙砌体房屋。

4. 本表小砌块砌体房屋不包括配筋混凝土小型空心砌块砌体房屋。

③多层砖砌体房屋的现浇钢筋混凝土圈梁设置应符合下列要求：

a. 装配式钢筋混凝土楼、屋盖或木屋盖的砖房，应按表 3.29 的要求设置圈梁；纵墙承重时，抗震横墙上的圈梁间距应比表内要求适当加密。

b. 现浇或装配整体式钢筋混凝土楼、屋盖与墙体有可靠连接的房屋，应允许不另设圈梁，但楼板沿抗震墙体周边均应加强配筋并应与相应的构造柱钢筋可靠连接。

表 3.29　多层砖砌体房屋现浇钢筋混凝土圈梁设置要求

墙类	烈度		
	6、7 度	8 度	9 度
外墙和内纵墙	屋盖处及每层楼盖处	屋盖处及每层楼盖处	屋盖处及每层楼盖处
内横墙	同上 屋盖处间距不应大于 4.5 m 楼盖处间距不应大于 7.2 m 构造柱对应部位	同上 各层所有横墙，且间距不应大于 4.5 m 构造柱对应部位	同上 各层所有横墙

④多层砖砌体房屋现浇混凝土圈梁的构造应符合下列要求：

a. 圈梁应闭合，遇有洞口圈梁应上下搭接。圈梁宜与预制板设在同一标高处或紧靠板底。

b. 圈梁在③要求的间距内无横墙时，应利用梁或板缝中配筋替代圈梁。

c. 圈梁的截面高度不应小于120mm，配筋应符合表3.30的要求；按《建筑抗震设计规范》(GB 50011—2010)第3.3.4条3款要求增设的基础圈梁，截面高度不应小于180 mm，配筋不应少于4ϕ12。

表3.30 多层砖砌体房屋圈梁配筋要求

配筋	烈度		
	6、7度	8度	9度
最小纵筋	4ϕ10	4ϕ12	4ϕ14
箍筋最大间距/mm	250	200	150

⑤多层砖砌体房屋的楼、屋盖应符合下列要求：

a. 现浇钢筋混凝土楼板或屋面板伸进纵、横墙内的长度，均不应小于120 mm。

b. 装配式钢筋混凝土楼板或屋面板，当圈梁未设在板的同一标高时，板端伸进外墙的长度不应小于120 mm，伸进内墙的长度不应小于100 mm或采用硬架支模连接，在梁上不应小于80 mm或采用硬架支模连接。

c. 当板的跨度大于4.8 m并与外墙平行时，靠外墙的预制板侧边应与墙或圈梁拉结。

d. 房屋端部大房间的楼盖，6度时房屋的屋盖和7~9度时房屋的楼、屋盖，当圈梁设在板底时，钢筋混凝土预制板应相互拉结，并应与梁、墙或圈梁拉结。

⑥楼、屋盖的钢筋混凝土梁或屋架应与墙、柱(包括构造柱)或圈梁可靠连接；不得采用独立砖柱。跨度不小于6 m大梁的支撑构件应采用组合砌体等加强措施，并满足承载力要求。

⑦6、7度时长度大于7.2 m的大房间，以及8、9度时外墙转角及内外墙交接处，应沿墙高每隔500 mm配置2ϕ6的通长钢筋和ϕ4分布短筋平面内点焊组成的拉结网片或ϕ4点焊网片。

⑧楼梯间尚应符合下列要求：

a. 顶层楼梯间墙体应沿墙高每隔500 mm设2ϕ6通长钢筋和ϕ4分布短钢筋平面内点焊组成的拉结网片或ϕ4点焊网片；7~9度时其他各层楼梯间墙体应在休息平台或楼层半高处设置60 mm厚、纵向钢筋不应少于2ϕ10的钢筋混凝土带或配筋砖带，配筋砖带不少于3皮，每皮的配筋不少于2ϕ6，砂浆强度等级不应低于M7.5且不低于同层墙体的砂浆强度等级。

b. 楼梯间及门厅内墙阳角处的大梁支撑长度不应小于500 mm，并应与圈梁连接。

c. 装配式楼梯段应与平台板的梁可靠连接，8、9度时不应采用装配式楼梯段；不应采用墙中悬挑式踏步或踏步竖肋插入墙体的楼梯，不应采用无筋砖砌栏板。

d. 突出屋顶的楼、电梯间，构造柱应伸到顶部，并与顶部圈梁连接，所有墙体应沿墙高每隔500 mm设2ϕ6通长钢筋和ϕ4分布短筋平面内点焊组成的拉结网片或ϕ4点焊网片。

⑨坡屋顶房屋的屋架应与顶层圈梁可靠连接，檩条或屋面板应与墙、屋架可靠连接，房屋出入口处的檐口瓦应与屋面构件锚固。采用硬山搁檩时，顶层内纵墙顶宜增砌支撑山墙的踏步式墙垛，并设置构造柱。

⑩门窗洞处不应采用砖过梁；过梁支撑长度，6～8 度时不应小于 240 mm，9 度时不应小于 360 mm。

⑪预制阳台，6、7 度时应与圈梁和楼板的现浇板带可靠连接，8、9 度时不应采用预制阳台。

⑫同一结构单元的基础（或桩承台），宜采用同一类型的基础，底面宜埋置在同一标高上，否则应增设基础圈梁并应按 1∶2 的台阶逐步放坡。

⑬丙类的多层砖砌体房屋，当横墙较少且总高度和层数接近或达到表 3.28 规定限值时，应采取下列加强措施：

a. 房屋的最大开间尺寸不宜大于 6.6 m。

b. 同一结构单元内横墙错位数量不宜超过横墙总数的 1/3，且连续错位不宜多于两道；错位的墙体交接处均应增设构造柱，且楼、屋面板应采用现浇钢筋混凝土板。

c. 横墙和内纵墙上洞口的宽度不宜大于 1.5 m；外纵墙上洞口的宽度不宜大于 2.1 m 或开间尺寸的一半；且内外墙上洞口位置不应影响内外纵墙与横墙的整体连接。

d. 所有纵横墙均应在楼、屋盖标高处设置加强的现浇钢筋混凝土圈梁：圈梁的截面高度不宜小于 150 mm，上下纵筋各不应少于 3ϕ10，箍筋不小于 ϕ6，间距不大于 300 mm。

e. 所有纵横墙交接处及横墙的中部，均应增设满足下列要求的构造柱：在纵、横墙内的柱距不宜大于 3.0 m，最小截面尺寸不宜小于 240 mm×240 mm（墙厚 190 mm 时为 240 mm×190 mm），配筋宜符合表 3.31 的要求。

表 3.31　增设构造柱的纵筋和箍筋设置要求

位置	纵向钢筋			箍筋		
	最大配筋率/%	最小配筋率/%	最小直径/mm	加密区范围/mm	加密区间距/mm	最小直径/mm
角柱	1.8	0.8	14	全高	100	6
边柱			14	上端 700 下端 500		
中柱	1.4	0.6	12			

f. 同一结构单元的楼、屋面板应设置在同一标高处。

g. 房屋底层和顶层的窗台标高处，宜设置沿纵横墙通长的水平现浇钢筋混凝土带；其截面高度不小于 60 mm，宽度不小于墙厚，纵向钢筋不少于 2ϕ10，横向分布筋的直径不小于 ϕ6 且其间距不大于 200 mm。

（2）多层砌块房屋抗震构造措施。

①多层小砌块房屋应按表 3.32 的要求设置钢筋混凝土芯柱。对外廊式和单面走廊式的多层房屋、横墙较少的房屋、各层横墙很少的房屋，尚应分别按（1）①中 b、c、d 关于增加层数的对应要求，按表 3.32 的要求设置芯柱。

表3.32　多层小砌块房屋芯柱设置要求

<table>
<tr><th colspan="4">房屋层数</th><th rowspan="2">设置部位</th><th rowspan="2">设置数量</th></tr>
<tr><th>6度</th><th>7度</th><th>8度</th><th>9度</th></tr>
<tr><td>四、五</td><td>三、四</td><td>二、三</td><td></td><td>外墙转角,楼、电梯间四角、楼梯斜梯段上下端对应的墙体处
大房间内外墙交接处
错层部位横墙与外纵墙交接处
隔12 m或单元横墙与外纵墙交接处</td><td rowspan="2">外墙转角,灌实3个孔
内外墙交接处,灌实4个孔
楼梯斜梯段上下端对应的墙体处,灌实2个孔</td></tr>
<tr><td>六</td><td>五</td><td>四</td><td></td><td>同上
隔开间横墙(轴线)与外纵墙交接处</td></tr>
<tr><td>七</td><td>六</td><td>五</td><td>二</td><td>同上
各内墙(轴线)与外纵墙交接处
内纵墙与横墙(轴线)交接处和洞口两侧</td><td>外墙转角,灌实5个孔
内外墙交接处,灌实4个孔
内墙交接处,灌实2个孔
洞口两侧各灌实1个孔</td></tr>
<tr><td></td><td>七</td><td>≥六</td><td>≥三</td><td>同上
横墙内芯柱间距不大于2 m</td><td>外墙转角,灌实7个孔
内外墙交接处,灌实5个孔
内墙交接处,灌实4~5个孔
洞口两侧各灌实1个孔</td></tr>
</table>

注:外墙转角、内外墙交接处、楼电梯间四角等部位,应允许采用钢筋混凝土构造柱替代部分芯柱。

②多层小砌块房屋的芯柱,应符合下列构造要求:

a. 小砌块房屋芯柱截面不宜小于120 mm×120 mm。

b. 芯柱混凝土强度等级,不应低于C20。

c. 芯柱的竖向插筋应贯通墙身且与圈梁连接;插筋不应小于1ϕ12,6、7度时超过五层、8度时超过四层和9度时,插筋不应小于1ϕ14。

d. 芯柱应伸入室外地面下500 mm或与埋深小于500 mm的基础圈梁相连。

e. 为提高墙体抗震受剪承载力而设置的芯柱,宜在墙体内均匀布置,最大净距不宜大于2.0 m。

f. 多层小砌块房屋墙体交接处或芯柱与墙体连接处应设置拉结钢筋网片,网片可采用直径4 mm的钢筋点焊而成,沿墙高间距不大于600 mm,并应沿墙体水平通长设置。6、7度时底部1/3楼层,8度时底部1/2楼层,9度时全部楼层,上述拉结钢筋网片沿墙高间距不大于400 mm。

③小砌块房屋中替代芯柱的钢筋混凝土构造柱,应符合下列构造要求:

a. 构造柱截面不宜小于190 mm×190 mm,纵向钢筋宜采用4ϕ12,箍筋间距不宜大于250 mm,且在柱上下端应适当加密;6、7度时超过五层、8度时超过四层和9度时,构造柱纵向钢筋宜采用4ϕ14,箍筋间距不应大于200 mm;外墙转角的构造柱可适当加大截面及配筋。

b. 构造柱与砌块墙连接处应砌成马牙槎,与构造柱相邻的砌块孔洞,6度时宜填实,7度时应填实，8、9度时应填实并插筋。构造柱与砌块墙之间沿墙高每隔600 mm设置ϕ4点焊拉结钢筋网片，并应沿墙体水平通长设置。6、7度时底部1/3楼层，8度时底部1/2楼层，9度全部楼层，上述拉结钢筋网片沿墙高间距不大于400 mm。

c. 构造柱与圈梁连接处，构造柱的纵筋应在圈梁纵筋内侧穿过，保证构造柱纵筋上下贯通。

d. 构造柱可不单独设置基础，但应伸入室外地面下500 mm，或与埋深小于500 mm的基础圈梁相连。

④多层小砌块房屋的现浇钢筋混凝土圈梁的设置位置应按多层砖砌体房屋圈梁的要求执行，圈梁宽度不应小于190 mm，配筋不应少于4ϕ12，箍筋间距不应大于200 mm。

⑤多层小砌块房屋的层数，6度时超过五层、7度时超过四层、8度时超过三层和9度时，在底层和顶层的窗台标高处，沿纵横墙应设置通长的水平现浇钢筋混凝土带；其截面高度不小于60 mm，纵筋不少于2ϕ10，并应有分布拉结钢筋；其混凝土强度等级不应低于C20。

水平现浇混凝土带亦可采用槽形砌块替代模板，其纵筋和拉结钢筋不变。

⑥丙类的多层小砌块房屋，当横墙较少且总高度和层数接近或达到表3.28规定限值时，应符合(1)中⑬的相关要求；其中，墙体中部的构造柱可采用芯柱替代，芯柱的灌孔数量不应少于2孔，每孔插筋的直径不应小于18 mm。

⑦小砌块房屋的其他抗震构造措施，尚应符合(1)中⑤～⑫的有关要求。其中，墙体的拉结钢筋网片间距应符合本节的相应规定，分别取600 mm和400 mm。

(3)底部框架－抗震墙砌体房屋抗震构造措施。

①底部框架－抗震墙砌体房屋的上部墙体应设置钢筋混凝土构造柱或芯柱，并应符合下列要求：

a. 构造柱、芯柱的构造，除应符合下列要求外，尚应符合《建筑抗震设计规范》(GB 50011—2010)第7.3.2、7.4.2、7.4.3条的规定：

Ⅰ. 砖砌体墙中构造柱截面不宜小于240 mm×240 mm(墙厚190 mm时为240 mm×190 mm)；

Ⅱ. 构造柱的纵向钢筋不宜少于4ϕ14，箍筋间距不宜大于200 mm；芯柱每孔插筋不应小于1ϕ14，芯柱之间沿墙高应每隔400 mm设ϕ4焊接钢筋网片。

b. 构造柱、芯柱应与每层圈梁连接，或与现浇楼板可靠拉接。

②过渡层墙体的构造，应符合下列要求：

a. 上部砌体墙的中心线宜与底部的框架梁、抗震墙的中心线相重合；构造柱或芯柱宜与框架柱上下贯通。

b. 过渡层应在底部框架柱、混凝土墙或约束砌体墙的构造柱所对应处设置构造柱或芯柱；墙体内的构造柱间距不宜大于层高；芯柱除按表3.32设置外，最大间距不宜大于1 m。

c. 过渡层构造柱的纵向钢筋，6、7度时不宜少于4ϕ16，8度时不宜少于4ϕ18。过渡层芯柱的纵向钢筋，6、7度时不宜少于每孔1ϕ16，8度时不宜少于每孔1ϕ18。一般情况下，纵向钢筋应锚入下部的框架柱或混凝土墙内；当纵向钢筋锚固在托墙梁内时，托墙梁的相应位置应加强。

d. 过渡层的砌体墙在窗台标高处，应设置沿纵横墙通长的水平现浇钢筋混凝土带；其截面高度不小于60 mm，宽度不小于墙厚，纵向钢筋不少于2ϕ10，横向分布筋的直径不小于6 mm且其间距不大于200 mm。此外，砖砌体墙在相邻构造柱间的墙体，应沿墙高每隔360 mm

设置2ϕ6通长水平钢筋和ϕ4分布短筋平面内点焊组成的拉结网片或ϕ4点焊钢筋网片，并锚入构造柱内；小砌块砌体墙芯柱之间沿墙高应每隔400 mm设置ϕ4通长水平点焊钢筋网片。

e. 过渡层的砌体墙，凡宽度不小于1.2 m的门洞和2.1 m的窗洞，洞口两侧宜增设截面不小于120 mm×240 mm（墙厚190 mm时为120 mm×190 mm）的构造柱或单孔芯柱。

f. 当过渡层的砌体抗震墙与底部框架梁、墙体不对齐时，应在底部框架内设置托墙转换梁，并且过渡层砖墙或砌块墙应采取比d中更高的加强措施。

③底部框架－抗震墙砌体房屋的底部采用钢筋混凝土墙时，其截面和构造应符合下列要求：

a. 墙体周边应设置梁（或暗梁）和边框柱（或框架柱）组成的边框；边框梁的截面宽度不宜小于墙板厚度的1.5倍，截面高度不宜小于墙板厚度的2.5倍；边框柱的截面高度不宜小于墙板厚度的2倍。

b. 墙板的厚度不宜小于160 mm，且不应小于墙板净高的1/20；墙体宜开设洞口形成若干墙段，各墙段的高宽比不宜小于2。

c. 墙体的竖向和横向分布钢筋配筋率均不应小于0.30%，并应采用双排布置；双排分布钢筋间拉筋的间距不应大于600 mm，直径不应小于6 mm。

d. 墙体的边缘构件可按《建筑抗震设计规范》（GB 50011—2010）第6.4节关于一般部位的规定设置。

④当6度设防的底层框架－抗震墙砖房的底层采用约束砖砌体墙时，其构造应符合下列要求：

a. 砖墙厚不应小于240 mm，砌筑砂浆强度等级不应低于M10，应先砌墙后浇框架。

b. 沿框架柱每隔300 mm配置2ϕ8水平钢筋和ϕ4分布短筋平面内点焊组成的拉结网片，并沿砖墙水平通长设置；在墙体半高处尚应设置与框架柱相连的钢筋混凝土水平系梁。

c. 墙长大于4 m时和洞口两侧，应在墙内增设钢筋混凝土构造柱。

⑤当6度设防的底层框架－抗震墙砌块房屋的底层采用约束小砌块砌体墙时，其构造应符合下列要求：

a. 墙厚不应小于190 mm，砌筑砂浆强度等级不应低于Mb10，应先砌墙后浇框架。

b. 沿框架柱每隔400 mm配置2ϕ8水平钢筋和ϕ4分布短筋平面内点焊组成的拉结网片，并沿砌块墙水平通长设置；在墙体半高处尚应设置与框架柱相连的钢筋混凝土水平系梁，系梁截面不应小于190 mm×190 mm，纵筋不应小于4ϕ12，箍筋直径不应小于ϕ6，间距不应大于200 mm。

c. 墙体在门、窗洞口两侧应设置芯柱，墙长大于4 m时，应在墙内增设芯柱，芯柱应符合（2）中②的有关规定；其余位置，宜采用钢筋混凝土构造柱替代芯柱，钢筋混凝土构造柱应符合（2）中③的有关规定。

⑥底部框架－抗震墙砌体房屋的框架柱应符合下列要求：

a. 柱的截面不应小于400 mm×400 mm，圆柱直径不应小于450 mm。

b. 柱的轴压比，6度时不宜大于0.85，7度时不宜大于0.75，8度时不宜大于0.65。

c. 柱的纵向钢筋最小总配筋率，当钢筋的强度标准值低于400 MPa时，中柱在6、7度时不应小于0.9%，8度时不应小于1.1%；边柱、角柱和混凝土抗震墙端柱在6、7度时不应小于1.0%，8度时不应小于1.2%。

d. 柱的箍筋直径，6、7 度时不应小于 8 mm，8 度时不应小于 10 mm，并应全高加密箍筋，间距不大于 100 mm。

e. 柱的最上端和最下端组合的弯矩设计值应乘以增大系数，一、二、三级的增大系数应分别按 1.5、1.25 和 1.15 采用。

⑦底部框架 - 抗震墙砌体房屋的楼盖应符合下列要求：

a. 过渡层的底板应采用现浇钢筋混凝土板，板厚不应小于 120 mm；并应少开洞、开小洞，当洞口尺寸大于 800 mm 时，洞口周边应设置边梁。

b. 其他楼层，采用装配式钢筋混凝土楼板时均应设现浇圈梁；采用现浇钢筋混凝土楼板时应允许不另设圈梁，但楼板沿抗震墙体周边均应加强配筋并应与相应的构造柱可靠连接。

⑧底部框架 - 抗震墙砌体房屋的钢筋混凝土托墙梁，其截面和构造应符合下列要求：

a. 梁的截面宽度不应小于 300 mm，梁的截面高度不应小于跨度的 1/10。

b. 箍筋的直径不应小于 8 mm，间距不应大于 200 mm；梁端在 1.5 倍梁高且不小于 1/5 梁净跨范围内，以及上部墙体的洞口处和洞口两侧各 500 mm 且不小于梁高的范围内，箍筋间距不应大于 100 mm。

c. 沿梁高应设腰筋，数量不应少于 2ϕ14，间距不应大于 200 mm。

d. 梁的纵向受力钢筋和腰筋应按受拉钢筋的要求锚固在柱内，且支座上部的纵向钢筋在柱内的锚固长度应符合钢筋混凝土框支梁的有关要求。

⑨底部框架 - 抗震墙砌体房屋的材料强度等级，应符合下列要求：

a. 框架柱、混凝土墙和托墙梁的混凝土强度等级，不应低于 C30。

b. 过渡层砌体块材的强度等级不应低于 MU10，砖砌体砌筑砂浆强度的等级不应低于 M10，砌块砌体砌筑砂浆强度的等级不应低于 Mb10。

3. 多层和高层钢结构房屋

(1)钢框架结构的抗震构造措施。

①框架柱的长细比，一级不应大于 $60\sqrt{235/f_{ay}}$，二级不应大于 $80\sqrt{235/f_{ay}}$，三级不应大于 $100\sqrt{235/f_{ay}}$，四级时不应大于 $120\sqrt{235/f_{ay}}$。

②框架梁、柱板件宽厚比，应符合表 3.33 的规定。

表 3.33　框架梁、柱板件宽厚比限值

	板件名称	一级	二级	三级	四级
柱	工字形截面翼缘外伸部分	10	11	12	13
	工字形截面腹板	43	45	48	52
	箱形截面壁板	33	36	38	40
梁	工字形截面和箱形截面翼缘外伸部分	9	9	10	11
	箱形截面翼缘在两腹板之间部分	30	30	32	36
	工字形截面和箱形截面腹板	$72-120N_b/(A_f)\leqslant60$	$72-100N_b/(A_f)\leqslant65$	$80-110N_b/(A_f)\leqslant70$	$85-120N_b/(A_f)\leqslant75$

注:1. 表列数值适用于 Q235 钢,采用其他牌号钢材时,应乘以 $\sqrt{235/f_{ay}}$。

2. $N_b/(A_f)$ 为梁轴压比。

③梁柱构件的侧向支撑应符合下列要求:

a. 梁柱构件受压翼缘应根据需要设置侧向支撑。

b. 梁柱构件在出现塑性铰的截面,上下翼缘均应设置侧向支撑。

c. 相邻两侧向支撑点间的构件长细比,应符合现行国家标准《钢结构设计规范》(GB 50017—201×)的有关规定。

④梁与柱的连接构造应符合下列要求:

a. 梁与柱的连接宜采用柱贯通型。

b. 柱在两个互相垂直的方向都与梁刚接时宜采用箱形截面,并在梁翼缘连接处设置隔板;隔板采用电渣焊时,柱壁板厚度不宜小于 16 mm,小于 16 mm 时可改用工字形柱或采用贯通式隔板。当柱仅在一个方向与梁刚接时,宜采用工字形截面,并将柱腹板置于刚接框架平面内。

c. 工字形柱(绕强轴)和箱形柱与梁刚接时(图 3.3),应符合下列要求:

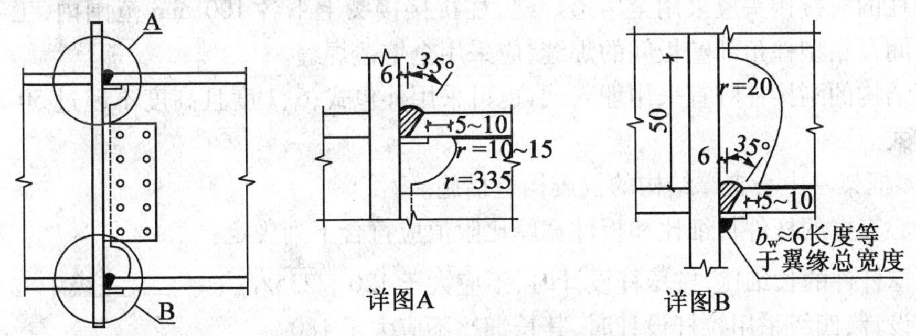

图 3.3　框架梁与柱的现场连接

Ⅰ. 梁翼缘与柱翼缘间应采用全熔透坡口焊缝;一、二级时,应检验焊缝的 V 形切口冲击韧性,其夏比冲击韧性在 -20 ℃时不低于 27 J;

Ⅱ. 柱在梁翼缘对应位置应设置横向加劲肋(隔板),加劲肋(隔板)厚度不应小于梁翼缘厚度,强度与梁翼缘相同;

Ⅲ. 梁腹板宜采用摩擦型高强度螺栓与柱连接板连接(经工艺试验合格能确保现场焊接质量时,可用气体保护焊进行焊接);腹板角部应设置焊接孔,孔形应使其端部与梁翼缘和柱翼缘间的全熔透坡口焊缝完全隔开;

Ⅳ. 腹板连接板与柱的焊接,当板厚不大于 16 mm 时应采用双面角焊缝,焊缝有效厚度应满足等强度要求,且不小于 5 mm;板厚大于 16 mm 时采用 K 形坡口对接焊缝。该焊缝宜采用气体保护焊,且板端应绕焊;

Ⅴ. 一级和二级时,宜采用能将塑性铰自梁端外移的端部扩大形连接、梁端加盖板或骨形连接。

d. 框架梁采用悬臂梁段与柱刚性连接时图 3.4,悬臂梁段与柱应采用全焊接连接,此时上下翼缘焊接孔的形式宜相同;梁的现场拼接可采用翼缘焊接腹板螺栓连接成全部螺栓连接。

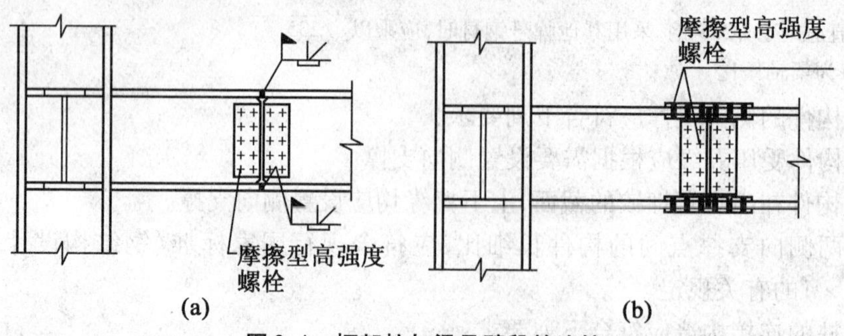

图 3.4　框架柱与梁悬臂段的连接

e. 箱形柱在与梁翼缘对应位置设置的隔板,应采用全熔透对接焊缝与壁板相连。工字形柱的横向加劲肋与柱翼缘,应采用全熔透对接焊缝连接,与腹板可采用角焊缝连接。

⑤梁与柱刚性连接时,柱在梁翼缘上下各 500 mm 的范围内,柱翼缘与柱腹板间或箱形柱壁板间的连接焊缝应采用全熔透坡口焊缝。

⑥框架柱的接头距框架梁上方的距离,可取 1.3 m 和柱净高一半二者的较小值。

上下柱的对接接头应采用全熔透焊缝,柱拼接接头上下各 100 mm 范围内,工字形柱翼缘与腹板间及箱型柱角部壁板间的焊缝,应采用全熔透焊缝。

⑦钢结构的刚接柱脚宜采用埋入式,也可采用外包式;6、7 度且高度不超过 50 m 时也可采用外露式。

(2)多框架 - 中心支撑结构的抗震构造措施。

①中心支撑的杆件长细比和板件宽厚比限值应符合下列规定:

a. 支撑杆件的长细比,按压杆设计时,不应大于 120 $\sqrt{235/f_{ay}}$;一、二、三级中心支撑不得采用拉杆设计,四级采用拉杆设计时,其长细比不应大于 180。

b. 支撑杆件的板件宽厚比,不应大于表 3.34 规定的限值。采用节点板连接时,应注意节点板的强度和稳定。

表 3.34　钢结构中心支撑板件宽厚比限值

板件名称	一级	二级	三级	四级
翼缘外伸部分	8	9	10	13
工字形截面腹板	25	26	27	33
箱形截面壁板	18	20	25	30
圆管外径与壁厚比	38	40	40	42

注:表列数值适用于 Q235 钢,采用其他牌号钢材应乘以 $\sqrt{235/f_{ay}}$,圆管应乘以 $235/f_{ay}$。

②中心支撑节点的构造应符合下列要求:

a. 一、二、三级,支撑宜采用 H 形钢制作,两端与框架可采用刚接构造,梁柱与支撑连接处应设置加劲肋;一级和二级采用焊接工字形截面的支撑时,其翼缘与腹板的连接宜采用全熔透连续焊缝。

b. 支撑与框架连接处,支撑杆端宜做成圆弧。

c. 梁在其与 V 形支撑或人字支撑相交处,应设置侧向支撑;该支撑点与梁端支撑点间的侧向长细比(λ_y)以及支撑力,应符合现行国家标准《钢结构设计规范》(GB 50017—201×)关于塑性设计的规定。

d. 若支撑和框架采用节点板连接,应符合现行国家标准《钢结构设计规范》(GB 50017—201×)关于节点板在连接杆件每侧有不小于30°夹角的规定;一、二级时,支撑端部至节点板最近嵌固点(节点板与框架构件连接焊缝的端部)在沿支撑杆件轴线方向的距离,不应小于节点板厚度的2倍。

③框架－中心支撑结构的框架部分,当房屋高度不高于100 m且框架部分按计算分配的地震剪力不大于结构底部总地震剪力的25%时,一、二、三级的抗震构造措施可按框架结构降低一级的相应要求采用。其他抗震构造措施,应符合《建筑抗震设计规范》(GB 50011—2010)第8.3节对框架结构抗震构造措施的规定。

(3)钢框架－偏心支撑结构的抗震构造措施。

①偏心支撑框架消能梁段的钢材屈服强度不应大于345 MPa。消能梁段及与消能梁段同一跨内的非消能梁段,其板件的宽厚比不应大于表3.35规定的限值。

表3.35 偏心支撑框架梁的板件宽厚比限值

板件名称		宽厚比限值
翼缘外伸部分		8
腹板	当 $N/(Af) \leqslant 0.14$ 时	$90[1-1.65N/(Af)]$
	当 $N/(Af) > 0.14$ 时	$33[2.3-N/(Af)]$

注:表列数值适用于Q235钢,当材料为其他钢号时应乘以 $\sqrt{235/f_{ay}}$,$N/(Af)$ 为梁轴压比。

②偏心支撑框架的支撑杆件长细比不应大于 $120\sqrt{235/f_{ay}}$,支撑杆件的板件宽厚比不应超过现行国家标准《钢结构设计规范》(GB 50017—201×)规定的轴心受压构件在弹性设计时的宽度比限值。

③消能梁段的构造应符合下列要求:

a. 当 $N>0.16Af$ 时,消能梁段的长度应符合下列规定:

当 $\rho(A_w/A)<0.3$ 时

$$a<1.6M_{lp}/V_l \tag{3.9}$$

当 $\rho(A_w/A)\geqslant 0.3$ 时

$$a\leqslant[1.15-0.5\rho(A_w/A)]1.6M_{lp}/V_l \tag{3.10}$$

$$\rho=N/V \tag{3.11}$$

式中 a——消能梁段的长度;

ρ——消能梁段轴向力设计值与剪力设计值之比。

b. 消能梁段的腹板不得贴焊补强板,也不得开洞。

c. 消能梁段与支撑连接处,应在其腹板两侧配置加劲肋,加劲肋的高度应为梁腹板高度,一侧的加劲肋宽度不应小于($b_f/2-t_w$),厚度不应小于 $0.75t_w$ 和10 mm的较大值。

d. 消能梁段应按下列要求在其腹板上设置中间加劲肋:

Ⅰ. 当 $a\leqslant 1.6M_{lp}/V_l$ 时,加劲肋间距不大于($30t_w-h/5$);

Ⅱ. 当 $2.6M_{lp}/V_l<a\leqslant 5M_{lp}/V_l$ 时,应在距消能梁段端部 $1.5b_f$ 处配置中间加劲肋,且中间

加劲肋间距不应大于$(52t_w - h/5)$；

Ⅲ. 当$1.6M_{lp}/V_l < a \leqslant 2.6M_{lp}/V_l$时，中间加劲肋的间距宜在上述二者间线性插入；

Ⅳ. 当$a > M_{lp}/V_l$时，可不配置中间加劲肋；

Ⅴ. 中间加劲肋应与消能梁段的腹板等高，当消能梁段截面高度不大于640 mm时，可配置单侧加劲肋，消能梁段截面高度大于640 mm时，应在两侧配置加劲肋，一侧加劲肋的宽度不应小于$(b_f/2 - t_w)$，厚度不应小于t_w和10 mm。

④消能梁段与柱的连接应符合下列要求：

a. 消能梁段与柱连接时，其长度不得大于$1.6M_{lp}/V_1$，且应满足相关标准的规定。

b. 消能梁段翼缘与柱翼缘之间应采用坡口全熔透对接焊缝连接，消能梁段腹板与柱之间应采用角焊缝（气体保护焊）连接；角焊缝的承载力不得小于消能梁段腹板的轴力、剪力和弯矩同时作用时的承载力。

c. 消能梁段与柱腹板连接时，消能梁段翼缘与横向加劲板间应采用坡口全熔透焊缝，其腹板与柱连接板间应采用角焊缝（气体保护焊）连接；角焊缝的承载力不得小于消能梁段腹板的轴力、剪力和弯矩同时作用时的承载力。

⑤消能梁段两端上下翼缘应设置侧向支撑，支撑的轴力设计值不得小于消能梁段翼缘轴向承载力设计值的6%，即$0.06b_f t_f f$。

⑥偏心支撑框架梁的非消能梁段上下翼缘，应设置侧向支撑，支撑的轴力设计值不得小于梁翼缘轴向承载力设计值的2%，即$0.02b_f t_f f$。

⑦框架－偏心支撑结构的框架部分，当房屋高度不高于100 m且框架部分按计算分配的地震作用不大于结构底部总地震剪力的25%时，一、二、三级的抗震构造措施可按框架结构降低一级的相应要求采用。其他抗震构造措施，应符合《建筑抗震设计规范》（GB 50011—2010）第8.3节对框架结构抗震构造措施的规定。

第4章 建筑结构施工图审查要点分析

4.1 地基基础结构

为了审查方便,现将规范对地基基础结构要求汇总如下(**黑体部分**为强制性条文),仅供参考。

4.1.1 地基设计

(1)以下是关于《建筑地基基础设计规范》(GB 50007—2011)摘要。

3.0.2 根据建筑物地基基础设计等级及长期荷载作用下地基变形对上部结构的影响程度,地基基础设计应符合下列规定:

1 所有建筑物的地基计算均应满足承载力计算的有关规定;

2 设计等级为甲级、乙级的建筑物,均应按地基变形设计;

3 设计等级为丙级的建筑物有下列情况之一时应作变形验算:

1)地基承载力特征值小于130kPa,且体型复杂的建筑;

2)在基础上及其附近有地面堆载或相邻基础荷载差异较大,可能引起地基产生过大的不均匀沉降时;

3)软弱地基上的建筑物存在偏心荷载时;

4)相邻建筑距离近,可能发生倾斜时;

5)地基内有厚度较大或厚薄不均的填土,其自重固结未完成时。

4 对经常受水平荷载作用的高层建筑、高耸结构和挡土墙等,以及建造在斜坡上或边坡附近的建筑物和构筑物,尚应验算其稳定性;

5 基坑工程应进行稳定性验算;

6 建筑地下室或地下构筑物存在上浮问题时,尚应进行抗浮验算。

3.0.5 地基基础设计时,所采用的作用效应与相应的抗力限值应符合下列规定:

1 按地基承载力确定基础底面积及埋深或按单桩承载力确定桩数时,传至基础或承台底面上的作用效应应按正常使用极限状态下作用的标准组合;相应的抗力应采用地基承载力特征值或单桩承载力特征值;

2 计算地基变形时,传至基础底面上的作用效应应按正常使用极限状态下作用的准永久组合,不应计入风荷载和地震作用;相应的限值应为地基变形允许值;

3 计算挡土墙、地基或滑坡稳定以及基础抗浮稳定时,作用效应应按承载能力极限状态下作用的基本组合,但其分项系数均为1.0;

4 在确定基础或桩基承台高度、支挡结构截面、计算基础或支挡结构内力、确定配筋和验算材料强度时,上部结构传来的作用效应和相应的基底反力、挡土墙土压力以及滑坡推力,应按承载能力极限状态下作用的基本组合,采用相应的分项系数;当需要验算基础裂缝宽度

时,应按正常使用极限状态下作用的标准组合;

5　基础设计安全等级、结构设计使用年限、结构重要性系数应按有关规范的规定采用,但结构重要性系数 γ_0 不应小于 1.0。

5.1.3　高层建筑基础的埋置深度应满足地基承载力、变形和稳定性要求。位于岩石地基上的高层建筑,其基础埋深应满足抗滑稳定性要求。

5.3.1　建筑物的地基变形计算值,不应大于地基变形允许值。

5.3.4　建筑物的地基变形允许值应按表 5.3.4 规定采用。对表中未包括的建筑物,其地基变形允许值应根据上部结构对地基变形的适应能力和使用上的要求确定。

表 5.3.4　建筑物的地基变形允许值

变形特征		地基土类别	
		中、低压缩性土	高压缩性土
砌体承重结构基础的局部倾斜		0.002	0.003
工业与民用建筑相邻柱基的沉降差	框架结构	$0.002l$	$0.003l$
	砌体墙填充的边排柱	$0.0007l$	$0.001l$
	当基础不均匀沉降时不产生附加应力的结构	$0.005l$	$0.005l$
单层牌价结构(柱距为 6m)柱基的沉降量(mm)		(120)	200
桥式吊车轨面的倾斜(按不调整轨道考虑)	纵向	0.004	
	横向	0.003	
多层和高层建筑的整体倾斜	$H_g \leqslant 24$	0.004	
	$24 < H_g \leqslant 60$	0.003	
	$60 < H_g \leqslant 100$	0.0025	
	$H_g > 100$	0.002	
体型简单的高层建筑基础的平均沉降量(mm)		200	
高耸结构基础的倾斜	$H_g \leqslant 20$	0.008	
	$20 < H_g \leqslant 50$	0.006	
	$50 < H_g \leqslant 100$	0.005	
	$100 < H_g \leqslant 150$	0.004	
	$150 < H_g \leqslant 200$	0.003	
	$200 < H_g \leqslant 250$	0.002	
高耸结构基础的沉降量(mm)	$H_g \leqslant 100$	400	
	$100 < H_g \leqslant 200$	300	
	$200 < H_g \leqslant 250$	200	

注:1. 本表数值为建筑物地基实际最终变形允许值;

2. 有括号者仅适用于中压缩性土;

3. l 为相邻柱基的中心距离(mm);H_g 为自室外地面起算的建筑物高度(m);

4. 倾斜指基础倾斜方向两端点的沉降差与其距离的比值；

5. 局部倾斜指砌体承重结构沿纵向6 m~10 m内基础两点的沉降差与其距离的比值。

5.3.12　在同一整体大面积基础上建有多栋高层和低层建筑，宜考虑上部结构、基础与地基的共同作用进行变形计算。

6.1.1　山区（包括丘陵地带）地基的设计，应对下列设计条件分析认定：

1　建设场区内，在自然条件下，有无滑坡现象，有无影响场地稳定性的断层、破碎带；

2　在建设场地周围，有无不稳定的边坡；

3　施工过程中，因挖方、填方、堆载和卸载等对山坡稳定性的影响；

4　地基内岩石厚度及空间分布情况、基岩面的起伏情况、有无影响地基稳定性的临空面；

5　建筑地基的不均匀性；

6　岩溶、土洞的发育程度，有无采空区；

7　出现危岩崩塌、泥石流等不良地质现象的可能性；

8　地面水、地下水对建筑地基和建设场区的影响。

6.3.1　当利用压实填土作为建筑工程的地基持力层时，在平整场地前，应根据结构类型、填料性能和现场条件等，对拟压实的填土提出质量要求。未经检验查明以及不符合质量要求的压实填土，均不得作为建筑工程的地基持力层。

6.4.1　在建设场区内，由于施工或其他因素的影响有可能形成滑坡的地段，必须采取可靠的预防措施。对具有发展趋势并威胁建筑物安全使用的滑坡，应及早采取综合整治措施，防止滑坡继续发展。

10.3.8　下列建筑物应在施工期间及使用期间进行沉降变形观测：

1　地基基础设计等级为甲级建筑物；

2　软弱地基上的地基基础设计等级为乙级建筑物；

3　处理地基上的建筑物；

4　加层、扩建建筑物；

5　受邻近深基坑开挖施工影响或受场地地下水等环境因素变化影响的建筑物；

6　采用新型基础或新型结构的建筑物。

（2）以下是关于《湿陷性黄土地区建筑规范》（GB 50025—2004）摘要。

6.1.1　当地基的湿陷变形、压缩变形或承载力不能满足设计要求时，应针对不同土质条件和建筑物的类别，在地基压缩层内或湿陷性黄土层内采取处理措施，各类建筑的地基处理应符合下列要求：

1　甲类建筑应消除地基的全部湿陷量或采用桩基础穿透全部湿陷性黄土层，或将基础设置在非湿性黄土层上；

2　乙、丙类建筑应消除地基的部分湿陷量。

4.1.2　基础设计

（1）以下是关于《建筑地基基础设计规范》（GB 50007—2011）摘要。

8.2.7　扩展基础的计算应符合下列规定：

1　对柱下独立基础，当冲切破坏锥体落在基础底面以内时，应验算柱与基础交接处以及基础变阶处的受冲切承载力；

2　对基础底面短边尺寸小于或等于柱宽加两倍基础有效高度的柱下独立基础，以及墙下条形基础，应验算柱（墙）与基础交接处的基础受剪切承载力；

3　基础底板的配筋，应按抗弯计算确定；

4　当基础的混凝土强度等级小于柱的混凝土强度等级时，尚应验算柱下基础顶面的局部受压承载力。

8.4.6　平板式筏基的板厚应满足受冲切承载力的要求。

8.4.9　平板式筏基应验算距内筒和柱边缘 h_0 处截面的受剪承载力。当筏板变厚度时，尚应验算变厚度处筏板的受剪承载力。

8.4.11　梁板式筏基底板应计算正截面受弯承载力，其厚度尚应满足受冲切承载力、受剪切承载力的要求。

8.4.18　梁板式筏基基础梁和平板式筏基的顶面应满足底层柱下局部受压承载力的要求。对抗震设防烈度为9度的高层建筑，验算柱下基础梁、筏板局部受压承载力时，应计入竖向地震作用对柱轴力的影响。

8.5.10　桩身混凝土强度应满足桩的承载力设计要求。

8.5.13　桩基沉降计算应符合下列规定：

1　对以下建筑物的桩基应进行沉降验算；

1）地基基础设计等级为甲级的建筑物桩基；

2）体形复杂、荷载不均匀或桩端以下存在软弱土层的设计等级为乙级的建筑物桩基；

3）摩擦型桩基。

2　桩基沉降不得超过建筑物的沉降允许值，并应符合本规范表5.3.4的规定。

8.5.20　柱下桩基础独立承台应分别对柱边和桩边、变阶处和桩边连线形成的斜截面进行受剪计算。当柱边外有多排桩形成多个剪切斜截面时，尚应对每个斜截面进行验算。

8.5.22　当承台的混凝土强度等级低于柱或桩的混凝土强度等级时，尚应验算柱下或桩上承台的局部受压承载力。

10.2.13　人工挖孔桩终孔时，应进行桩端持力层检验。单柱单桩的大直径嵌岩桩，应视岩性检验孔底下3倍桩身直径或5m深度范围内有无土洞、溶洞、破碎带或软弱夹层等不良地质条件。

10.2.14　施工完成后的工程桩应进行桩身完整性检验和竖向承载力检验。承受水平力较大的桩应进行水平承载力检验，抗拔桩应进行抗拔承载力检验。

（2）以下是关于《湿陷性黄土地区建筑规范》（GB 50025—2004）摘要。

5.7.2　在湿陷性黄土场地采用桩基础，桩端必须穿透湿陷性黄土层，并应符合下列要求：

1　在非自重湿陷性黄土场地，桩端应支撑在压缩性较低的非湿陷性黄土层中；

2　在自重湿陷性黄土场地，桩端应支撑在可靠的岩（或土）层中。

（3）以下是关于《建筑桩基技术规范》（JGJ 94—2008）摘要。

3.1.3　桩基应根据具体条件分别进行下列承载能力计算和稳定性验算：

1　应根据桩基的使用功能和受力特征分别进行桩基的竖向承载力计算和水平承载力计算。

2　应对桩身和承台结构承载力进行计算；对于桩侧土不排水抗剪强度小于 10kPa 且长径大于 50 的桩，应进行桩身压屈验算；对于混凝土预制桩，应按吊装、运输和锤击作用进行桩身承载力验算；对于钢管桩，应进行局部压屈验算。

3　对桩端平面以下存在软弱下卧层时，应进行软弱下卧层承载力验算。

4　对位于坡地、岸边的桩基，应进行整体稳定性验算。

5　对于抗浮、抗拔桩基，应进行基桩和群桩的抗拔承载力计算。

6　对于抗震设防区的桩基，应进行抗震承载力验算。

3.1.4　下列建筑桩基应进行沉降计算：

1　设计等级为甲级的非嵌岩桩和非深厚坚硬持力层的建筑桩基；

2　设计等级为乙级的体形复杂、荷载分布显著不均匀或桩端平面以下存在软弱土层的建筑桩基；

3　软土地基多层建筑减沉复合疏桩基础。

5.2.1　桩基竖向承载力计算应符合下列规定。

1　荷载效应标准组合。

轴心竖向力作用下

$$N_k \leqslant R \tag{5.2.1-1}$$

偏心竖向力作用下。除满足上式外，尚应满足下式的要求：

$$N_{kmax} \leqslant 1.2R \tag{5.2.1-2}$$

2　地震作用效应和荷载效应标准组合。

轴心竖向力作用下

$$N_{Ek} \leqslant 1.25R \tag{5.2.1-3}$$

偏心竖向力作用下，除满足上式外。尚应满足下式的要求：

$$N_{Ekmax} \leqslant 1.5R \tag{5.2.1-4}$$

式中　N_k——荷载效应标准组合轴心竖向力作用下，基桩或复合基桩平均竖向力；

N_{kmax}——荷载效应标准组合偏心竖向力作用下，桩顶最大竖向力；

N_{Ek}——地震作用效应和荷载效应标准组合下，基桩或复合基桩平均竖向力；

N_{Ekmax}——地震作用效应和荷载效应标准组合下，基桩或复合基桩最大竖向力；

R——基桩或复合基桩竖向承载力特征值。

5.4.2　符合下列条件之一的桩基，当桩周土层产生的沉降超过基桩的沉降时，在计算基桩承载力时应计入桩侧负摩阻力：

1　桩穿越较厚松散填土、自重湿陷性黄土、欠固结土、液化土层进入相对较硬土层时；

2　桩周存在软弱土层，邻近桩侧地面承受局部较大的长期荷载，或地面大面积堆载(包括填土)时；

3　由于降低地下水位，使桩周土有效应力增大，并产生显著压缩沉降时。

5.5.1　建筑桩基沉降变形计算值不应大于桩基沉降变形允许值。

5.5.4　建筑桩基沉降变形允许值，应按表 5.5.4 规定采用。

表 5.5.4　建筑桩基变形允许值

变形特征		允许值
砌体承重结构基础的局部倾斜		0.002
各类建筑相邻柱(墙)基的沉降差		
(1)框架、框架-剪力墙、框架-核心筒结构		$0.002l_0$
(2)砌体墙填充的边排柱		$0.0007l_0$
(3)当基础不均匀沉降时不产生附加应力的结构		$0.005l_0$
单层排架结构(柱距为6m)桩基的沉降量(mm)		120
桥式吊车轨面的倾斜(按不调整轨道考虑)		
纵向		0.004
横向		0.003
多层和高层建筑的整体倾斜	$H_g \leqslant 24$	0.004
	$24 < H_g \leqslant 60$	0.003
	$60 < H_g \leqslant 100$	0.0025
	$H_g > 100$	0.002
高耸结构桩基的整体倾斜	$H_g \leqslant 20$	0.008
	$20 < H_g \leqslant 50$	0.006
	$50 < H_g \leqslant 100$	0.005
	$100 < H_g \leqslant 150$	0.004
	$150 < H_g \leqslant 200$	0.003
	$200 < H_g \leqslant 250$	0.002
高耸结构基础的沉降量(mm)	$H_g \leqslant 100$	350
	$100 < H_g \leqslant 200$	250
	$200 < H_g \leqslant 250$	150
体型简单的剪力墙结构高层建筑桩基最大沉降量(mm)	-	200

注:l_0 为相邻柱(墙)二测点间距离,H_g 为自室外地面算起的建筑物高度(m)。

5.9.6　桩基承台厚度应满足柱(墙)对承台的冲切和基桩对承台的冲切承载力要求。

5.9.9　柱(墙)下桩基承台,应分别对柱(墙)边、变阶处和桩边联线形成的贯通承台的斜截面的受剪承载力进行验算。当承台悬挑边有多排基桩形成多个斜截面时,应对每个斜截面的受剪承载力进行验算。

5.9.15　对于柱下桩基,当承台混凝土强度等级处于柱或桩的混凝土强度等级时,应验算柱下或桩上承台的局部受压承载力。

(4)以下是关于《载体桩设计规程》(JGJ 135—2007)摘要。

4.5.1　对于下列建筑物的载体桩基应进行沉降计算:

1　建筑桩基设计等级为甲级的载体桩基;

2　体型复杂、负荷不均匀或桩端以下存在软弱下卧层的设计等级为乙级的载体桩基;

3　地基条件复杂、对沉降要求严格的载体桩基。

4.5.4　建筑物载体桩基沉降变形计算值不应大于建筑物桩基沉降变形允许值。

4.1.3　边坡、基坑支护

(1)以下是关于《建筑地基基础设计规范》(GB 50007—2011)摘要。

9.1.3　基坑工程设计应包括下列内容:

1　支护结构体系的方案和技术经济比较;

2　基坑支护体系的稳定性验算;

3　支护结构的承载力、稳定和变形计算;

4　地下水控制设计;

5　对周边环境影响的控制设计;

6　基坑土方开挖方案;

7　基坑工程的监测要求。

9.1.9　基坑土方开挖应严格按设计要求进行,不得超挖。基坑周边堆载不得超过设计规定。土方开挖完成后应立即施工垫层,对基坑进行封闭,防止水浸和暴露,并应及时进行地下结构施工。

9.5.3　支撑结构的施工与拆除顺序,应与支护结构的设计工况相一致,必须遵循先撑后挖的原则。

(2)以下是关于《锚杆喷射混凝土支护技术规范》(GB 50086—2001)摘要。

1.0.3　锚喷支护的设计与施工,必须做好工程的地质勘察工作,因地制宜,正确有效地加固围岩,合理利用围岩的自承能力。

4.1.11　对下列地质条件的锚喷支护设计,应通过试验后确定:

1　膨胀性岩体;

2　未胶结的松散岩体;

3　有严重湿陷性的黄土层;

4　大面积淋水地段;

5　能引起严重腐蚀的地段;

6　严寒地区的冻胀岩体。

4.3.1　喷射混凝土的设计强度等级不应低于C15;对于竖井及重要隧洞和斜井工程,喷射混凝土的设计强度等级不应低于C20;喷射混凝土1d龄期的抗压强度不应低于5MPa。钢纤维喷射混凝土的设计强度等级不应低于C20,其抗拉强度不应低于2MPa。

不同强度等级喷射混凝土的设计强度应按表4.3.1采用。

表5.5.4　建筑桩基变形允许值

喷射混凝土强度等级 \ 强度种类	C15	C20	C25	C30
轴心抗压	7.5	10.0	12.5	15.0
抗拉	0.9	1.1	1.3	1.5

4.3.3 喷射混凝土支护的厚度,最小不应低于50mm,最大不宜超过200mm。

(3)以下是关于《建筑边坡工程技术规范》(GB 50330—2002)摘要。

3.2.2 破坏后果很严重、严重的下列建筑边坡工程,其安全等级应定为一级:

1 由外倾软弱结构面控制的边坡工程;

2 危岩、滑坡地段的边坡工程;

3 边坡塌滑区内或边坡塌方影响区内有重要建(构)筑物的边坡工程。

破坏后果不严重的上述边坡工程的安全等级可定为二级。

3.3.3 永久性边坡的设计使用年限应不低于受其影响的相邻建筑的使用年限。

3.3.6 边坡支护结构设计时应进行下列计算和验算。

1 支护结构的强度计算:立柱、面板、挡墙及其基础的抗压、抗弯、抗剪及局部抗压承载力以及锚杆杆体的抗拉承载力等均应满足现行相应标准的要求。

2 锚杆锚固体的抗拔承载力和立柱与挡墙基础的地基承载力计算。

3 支护结构整体或局部稳定性验算。

3.4.2 一级边坡工程应采用动态设计法。

3.4.9 下列边坡工程的设计及施工应进行专门论证:

1 超过本规范适用范围的建筑边坡工程;

2 地质和环境条件很复杂、稳定性极差的边坡工程;

3 边坡邻近有重要建(构)筑物、地质条件复杂、破坏后果很严重的边坡工程;

4 已发生过严重事故的边坡工程;

5 采用新结构、新技术的一、二级边坡工程。

(4)以下是关于《建筑基坑支护技术规程》(JGJ 120—2012)摘要。

3.1.2 基坑支护应满足下列功能要求:

1 保证基坑周边建(构)筑物、地下管线、道路的安全和正常使用;

2 保证主体地下结构的施工空间。

8.1.3 当基坑开挖面上方的锚杆、土钉、支撑未达到设计要求时,严禁向下超挖土方。

8.1.4 采用锚杆或支撑的支护结构,在未达到设计规定的拆除条件时,严禁拆除锚杆或支撑。

8.1.5 基坑周边施工材料、设施或车辆荷载严禁超过设计要求的地面荷载限值。

4.1.4 地基处理

(1)以下是关于《建筑地基基础设计规范》(GB 50007—2011)摘要。

7.2.7 复合地基设计应满足建筑物承载力和变形要求。当地基土为欠固结土、膨胀土、湿陷性黄土、可液化土等特殊性土时,设计采用的增强体和施工工艺应满足处理后地基土和增强体共同承担荷载的技术要求。

7.2.8 复合地基承载力特征值应通过现场复合地基载荷试验确定,或采用增强体载荷试验结果和其周边土的承载力特征值结合经验确定。

(2)以下是关于《建筑地基处理技术规范》(JGJ 79—2012)摘要。

3.0.6 按地基变形设计或应作变形验算且需进行地基处理的建筑物或构筑物,应对处理后的地基进行变形验算。

3.0.7　受较大水平荷载或位于斜坡上的建筑物及构筑物，当建造在处理后的地基上时，应进行地基稳定性验算。

4.2　混凝土结构

为了审查方便，现将规范对混凝土结构要求汇总如下（**黑体部分**为强制性条文），仅供参考：

4.2.1　设计的基本原则

（1）以下是关于《混凝土结构设计规范》（GB 50010—2010）摘要。

3.1.7　设计应明确结构的用途，在设计使用年限内未经技术鉴定或设计许可，不得改变结构的用途和使用环境。

10.1.1　预应力混凝土结构构件，除应根据设计状况进行承载力计算及正常使用极限状态验算外，尚应对施工阶段进行验算。

（2）以下是关于《混凝土异形柱结构技术规程》（JGJ 149—2006）摘要。

4.1.1　居住建筑异形柱结构的安全等级应采用二级。

5.3.1　异形柱框架应进行梁柱节点核心区受剪承载力计算。

4.2.2　材料与设计强度

（1）以下是关于《混凝土结构设计规范》（GB 50010—2010）摘要。

4.1.3　混凝土轴心抗压强度的标准值f_{ck}应按表4.1.3－1采用；轴心抗拉强度的标准值f_{tk}应按表4.1.3－2采用。

表4.1.3－1　混凝土轴心抗压强度标准值（N/mm^2）

强度	混泥土强度等级													
	C15	C20	C25	C30	C35	C40	C45	C50	C55	C60	C65	C70	C75	C80
f_{ck}	10.0	13.4	16.7	20.1	23.4	26.8	29.6	32.4	35.5	38.5	41.5	44.5	47.4	50.2

表4.1.3－2　混凝土轴心抗拉强度标准值（N/mm^2）

强度	混泥土强度等级													
	C15	C20	C25	C30	C35	C40	C45	C50	C55	C60	C65	C70	C75	C80
f_{ck}	1.27	1.54	1.78	2.01	2.20	2.39	2.51	2.64	2.74	2.85	2.93	2.99	3.05	3.11

4.1.4　混凝土轴心抗压强度的设计值f_c应按表4.1.4－1采用；轴心抗拉强度的设计值f_t应按表4.1.4－2采用。

表4.1.4-1 混凝土轴心抗压强度设计值(N/mm²)

强度	混凝土强度等级													
	C15	C20	C25	C30	C35	C40	C45	C50	C55	C60	C65	C70	C75	C80
f_c	7.2	9.6	11.9	14.3	16.7	19.1	21.1	23.1	25.3	27.5	29.7	31.8	33.8	35.9

表4.1.4-2 混凝土轴心抗拉强度设计值(N/mm²)

强度	混凝土强度等级													
	C15	C20	C25	C30	C35	C40	C45	C50	C55	C60	C65	C70	C75	C80
f_t	0.91	1.10	1.27	1.43	1.57	1.71	1.80	1.89	1.96	2.04	2.09	2.14	2.18	2.22

4.2.2 钢筋的强度标准值应具有不小于95%的保证率。

普通钢筋的屈服强度标准值f_{yk}、极限强度标准值f_{stk}应按表4.2.2-1采用；预应力钢丝、钢绞线和预应力螺纹钢筋的屈服强度标准值f_{pyk}、极限强度标准值f_{ptk}应按表4.2.2-2采用。

表4.2.2-1 普通钢筋强度标准值(N/mm²)

牌号	符号	公称直径 d/mm	屈服强度标准值f_{yk}	极限强度标准值f_{stk}
HPB300	ϕ	6~22	300	420
HRB335 HRBF335	ϕ ϕF	6~50	335	455
HRB400 HRBF400 RRB400	ϕ ϕF ϕR	6~50	400	540
HRB500 HRBF500	ϕ ϕF	6~50	500	630

表4.2.2-2 预应力筋强度标准值(N/mm²)

种类		符号	公称直径 d/mm	屈服强度标准值f_{pyk}	极限强度标准值f_{ptk}
中强度预应力钢丝	光面	ϕPM	5、7、9	620	800
				780	970
	螺旋肋	ϕHM		980	1 270
预应力螺纹钢筋	螺纹	ϕT	18、25、32、40、50	785	980
				930	1 080
				1 080	1 230

续表 4.2.2－2

种类		符号	公称直径 d/mm	屈服强度标准值 f_{pyk}	极限强度标准值 f_{ptk}
消除应力钢丝	光面	ϕP	5	—	1 570
				—	1 860
			7	—	1 570
	螺旋肋	ϕH	9	—	1 470
				—	1 570
钢绞线	1×3（三股）	ϕS	8.6、10.8、12.9	—	1 570
				—	1 860
				—	1 960
	1×7（七股）		9.5、12.7、15.2、17.8	—	1 720
				—	1 860
				—	1 960
			21.6	—	1 860

注：极限强度标准值为 1 960 N/mm^2 的钢绞线作后张预应力配筋时，应有可靠的工程经验。

4.2.3　普通钢筋的抗拉强度设计值 f_y、抗压强度设计值 f'_y 应按表 4.2.3－1 采用；预应力筋的抗拉强度设计值 f_{py}、抗压强度设计值 f'_{py} 应按表 4.2.3－2 采用。

当构件中配有不同种类的钢筋时，每种钢筋应采用各自的强度设计值。横向钢筋的抗拉强度设计值 f_{yv} 应按表中 f_y 的数值采用；当用作受剪、受扭、受冲切承载力计算时，其数值大于 360 N/mm^2 时应取 360 N/mm^2。

表 4.2.3－1　普通钢筋强度设计值（N/mm^2）

牌号	抗拉强度设计值 f_y	抗压强度设计值 f'_y
HPB300	270	270
HRB335、HRBF335	300	300
HRB400、HRBF400、RRB400	360	360
HRB500、HRBF500	435	410

表 4.2.3－2　预应力筋强度设计值（N/mm^2）

种类	极限强度标准值 f_{ptk}	抗拉强度设计值 f_{py}	抗压强度设计值 f'_{py}
中强度预应力钢丝	800	510	410
	970	650	
	1 270	810	
消除应力钢丝	1 470	1 040	410
	1 570	1 110	
	1 860	1 320	

续表 4.2.3－2

种类	极限强度标准值 f_{ptk}	抗拉强度设计值 f_{py}	抗压强度设计值 f'_{py}
钢绞线	1 570	1 110	410
	1 720	1 220	
	1 860	1 320	
	1 960	1 390	
预应力螺纹钢筋	980	650	410
	1 080	770	
	1 230	900	

注：当预应力筋的强度标准值不符合表 4.2.3－2 的规定时，其强度设计值应进行相应的比例换算。

(2)以下是关于《冷轧带肋钢筋混凝土结构技术规程》(JGJ 95—2011)摘要。

3.1.2　冷轧带肋钢筋的强度标准值应具有不小于 95% 的保证率。

钢筋混凝土用冷轧带肋钢筋的强度标准值 f_{yk} 应由抗拉屈服强度表示，并应按表 3.1.2－1 采用。预应力混凝土用冷轧带肋钢筋的强度标准值 f_{ptk} 应由抗拉强度表示，并应按表 3.1.2－2采用。

表 3.1.2－1　钢筋混凝土用冷轧带肋钢筋强度标准值(N/mm^2)

牌号	符号	钢筋直径/mm	f_{yk}
CRB550	Φ^R	4～12	500
CRB600H	Φ^{RH}	5～12	520

表 3.1.2－2　预应力混凝土用冷轧带肋钢筋强度标准值(N/mm^2)

牌号	符号	钢筋直径/mm	f_{ptk}
CRB650	Φ^R	4、5、6	650
CRB650H	Φ^{RH}	5～6	
CRB800	Φ^R	5	800
CRB800H	Φ^{RH}	5～6	
CRB970	Φ^R	5	970

3.1.3　冷轧带肋钢筋的抗拉强度设计值 f_y 及抗压强度设计值 f'_y 应按表 3.1.3－1、表 3.1.3－2 采用。

表 3.1.3－1　钢筋混凝土用冷轧带肋钢筋强度设计值(N/mm^2)

牌号	符号	f_y	f'_y
CRB550	Φ^R	400	380
CRB600H	Φ^{RH}	415	380

注：冷轧带肋钢筋用作横向钢筋的强度设计值f_{yv}应按表中f_y的数值采用；当用作受剪、受扭、受冲切承载力计算时，其数值应取 360N/mm^2。

表 3.1.3－2　预应力混凝土用冷轧带肋钢筋强度设计值（N/mm^2）

牌号	符号	f_{py}	f'_{py}
CRB650	Φ^R	430	380
CRB650H	Φ^{RH}		
CRB800	Φ^R	530	
CRB800H	Φ^{RH}		
CRB970	Φ^R	650	

（3）以下是关于《钢筋焊接网混凝土结构技术规程》（JGJ 114—2003）摘要。

3.1.4　焊接网钢筋的强度标准值应具有不小于 95% 的保证率。

冷轧带肋钢筋及冷拔光面钢筋的强度标准值系根据极限抗拉强度确定，用f_{stk}表示。热轧带肋钢筋的强度标准值系根据屈服强度确定，用f_{yk}表示。

焊接网钢筋的强度标准值f_{stk}和f_{yk}应按表 3.1.4 采用。

表 3.1.4　焊接网钢筋强度标准值（N/mm^2）

焊接网钢筋	符号	钢筋直径（mm）	f_{atk}或f_{yk}
冷轧带肋钢筋 CRB550	Φ^R	5、6、7、8、9、10、11、12	550
热轧带肋钢筋 HRB400	Φ	6、7、8、10、12、14、16	400
冷拔光面钢筋 CPB550	Φ^{CP}	5、6、7、8、9、10、11、12	550

3.1.5　焊接网钢筋的抗拉强度设计值f_y和抗压强度设计值f'_y应按表 3.1.5 采用。

表 3.1.5　焊接网钢筋强度设计值（N/mm^2）

焊接网钢筋	符号	f_y	f_y
冷轧带肋钢筋 CRB550	Φ^R	360	360
热轧带肋钢筋 HRB400	Φ	360	
冷拔光面钢筋 CPB550	Φ^{CP}	360	360

注：在钢筋混凝土结构中，轴心受拉和小偏心受拉构件的钢筋抗拉强度设计值大于 300 N/mm^2 时，仍应按 300 N/mm^2 取用。

（4）以下是关于《冷轧扭钢筋混凝土构件技术规程》（JGJ 115—2006）摘要。

3.2.4　冷轧扭钢筋的强度标准值、设计值应按表 3.2.4 采用。

表 3.2.4　冷轧扭钢筋强度设计值(N/mm²)

强度级别	型号	符号	标志直径 d(mm)	f_{yk}或f_{ptk}
CTB550	Ⅰ	Φ^{T}	6、5、8、10、12	550
	Ⅱ		6、5、8、10、12	550
	Ⅲ		6、5、8、10	550
CTB650	Ⅳ		6、5、8、10	650

3.2.5　**冷轧扭钢筋抗拉(压)强度设计值和弹性模量应按表 3.2.5 采用。**

表 3.2.5　冷轧扭钢筋抗拉(压)强度设计值和弹性横量(N/mm²)

强度级别	型号	符号	标志直径 d(mm)	f_{yk}或f_{ptk}
CTB550	Ⅰ	Φ^{T}	360	1.9×10^{5}
	Ⅱ		360	1.9×10^{5}
	Ⅲ		360	1.9×10^{5}
CTB850	Ⅲ		430	1.9×10^{5}

8.1.4　**冷轧扭钢筋的力学性能应符合表 8.1.4 的规定。**

表 8.1.4　力学性能指标

级别	型号	抗拉强度f_{yk}(N/mm²)	伸长率 A(%)	180 度转曲(弯心直径 $=3d$)
CTB550	Ⅰ	≥550	$A_{11.3}\geq4.5$	受弯曲部位钢筋表面不得产生裂纹
	Ⅱ	≥550	$A\geq10$	
	Ⅲ	≥550	$A\geq12$	
CTB650	Ⅲ	≥650	$A_{100}\geq4$	

注:1. d 为冷轧扭钢筋标志直径;

2. A、$A_{11.3}$分别表示以标距 $5.65\sqrt{S_0}$或 $11.3\sqrt{S_0}$(S_0 为试样原始截面面积)的试样拉断伸长率,A_{100}表示标距为 100mm 的试样拉断伸长率。

4.2.3　基本构造规定

以下是关于《混凝土结构设计规范》(GB 50010—2010)摘要。

8.5.1　**钢筋混凝土结构构件中纵向受力钢筋的配筋百分率 ρ_{min}不应小于表 8.5.1 规定的数值。**

表8.5.1　纵向受力钢筋的最小配筋百分率ρ_{min}(%)

受力类型			最小配筋百分率
受压构件	全部纵向钢筋	强度等级500MPa	0.50
		强度等级400MPa	0.55
		强度等级300MPa、335MPa	0.60
	一侧纵向钢筋		0.20
受弯构件、偏心受拉、轴心受拉构件一侧的受拉钢筋			0.20和$45f_t/f_y$中的较大值

注:1.受压构件全部纵向钢筋最小配筋百分率,当采用C60以上强度等级的混凝土时,应按表中规定增加0.10。

2.板类受弯构件(不包括悬臂板)的受拉钢筋,当采用强度级别400MPa、500MPa的钢筋时,其最小配筋百分率应允许采用0.15和$45f_t/f_y$中的较大值。

3.偏心受拉构件中的受压钢筋,应按受压构件一侧纵向钢筋考虑。

4.受压构件的全部纵向钢筋和一侧纵向钢筋的配筋率以及轴心受拉构件和小偏心受拉构件一侧受拉钢筋的配筋率均应按构件的全截面面积计算。

5.受弯构件、大偏心受拉构件一侧受拉钢筋的配筋率应按全截面面积扣除受压翼缘面积后的截面面积计算。

6.当钢筋沿构件截面周边布置时,"一侧纵向钢筋"系指沿受力方向两个对边中一边布置的纵向钢筋。

4.2.4　结构构件的规定

(1)以下是关于《混凝土结构设计规范》(GB 50010—2010)摘要。

9.7.1　受力预埋件的锚板宜采用Q235、Q345级钢,锚板厚度应根据受力情况计算确定,且不宜小于锚筋直径的60%;受拉和受弯预埋件的锚板厚度尚宜大于$b/8$,b为锚筋的间距。

受力预埋件的锚筋应采用HRB400或HPB300钢筋,不应采用冷加工钢筋。

直锚筋与锚板应采用T形焊接。当锚筋直径不大于20mm时宜采用压力埋弧焊;当锚筋直径大于20mm时宜采用穿孔塞焊。当采用手工焊时,焊缝高度不宜小于6mm,且对300MPa级钢筋不宜小于$0.5d$,对其他钢筋不宜小于$0.6d$,d为锚筋的直径。

9.7.6　吊环应采用HPB300级钢筋制作,锚入混凝土的深度不应小于$30d$并应焊接或绑扎在钢筋骨架上,d为吊环钢筋的直径。在构件的自重标准值作用下,每个吊环按2个截面计算的钢筋应力不应大于65N/mm^2;当在一个构件上设有4个吊环时,应按3个吊环进行计算。

(2)以下是关于《冷轧扭钢筋混凝土构件技术规程》(JGJ 115—2006)摘要。

7.3.1　纵向受力冷轧扭钢筋不得采用焊接接头。

4.3　砌体结构

为了审查方便,现将规范对砌体结构要求汇总如下(**黑体部分**为强制性条文),仅供参考:

(1)以下是关于《砌体结构设计规范》(GB 50003—2011)摘要。

3.2.1 龄期为28d的以毛截面计算的砌体抗压强度设计值，当施工质量控制等级为B级时，应根据块体和砂浆的强度等级分别按下列规定采用：

1 烧结普通砖、烧结多孔砖砌体的抗压强度设计值，应按表3.2.1-1采用。

表3.2.1-1 烧结普通砖和烧结多孔砖砌体的抗压强度设计值(MPa)

砖强度等级	砂浆强度等级					砂浆强度
	M15	M10	M7.5	M5	M2.5	0
MU30	3.94	3.27	2.93	2.59	2.26	1.15
MU25	3.60	2.98	2.68	2.37	2.06	1.05
MU20	3.22	2.67	2.39	2.12	1.84	0.94
MU15	2.79	2.31	2.07	1.83	1.60	0.82
MU10	—	1.89	1.69	1.50	1.30	0.67

注：当烧结多孔砖的孔洞率大于30%时，表中数值应乘以0.9。

2 混凝土普通砖和混凝土多孔砖砌体的抗压强度设计值，应按表3.2.1-2采用。

表3.2.1-2 混凝土普通砖和混凝土多孔砖砌体的抗压强度设计值(MPa)

砖强度等级	砂浆强度等级					砂浆强度
	Mb20	Mb15	Mb10	Mb7.5	Mb5	0
MU30	4.61	3.94	3.27	2.93	2.59	1.15
MU25	4.21	3.60	2.98	2.68	2.37	1.05
MU20	3.77	3.22	2.67	2.39	2.12	0.94
MU15	—	2.79	2.31	2.07	1.83	0.82

3 蒸压灰砂普通砖和蒸压粉煤灰普通砖砌体的抗压强度设计值，应按表3.2.1-3采用。

表3.2.1-3 蒸压灰砂普通砖和蒸压粉煤灰普通砖砌体的抗压强度设计值(MPa)

砖强度等级	砂浆强度等级				砂浆强度
	M15	M10	M7.5	M5	0
MU25	3.60	2.98	2.68	2.37	1.05
MU20	3.22	2.67	2.39	2.12	0.94
MU15	2.79	2.31	2.07	1.83	0.82

注：当采用专用砂浆砌筑时，其抗压强度设计值按表中数值采用。

4 单排孔混凝土砌块和轻集料混凝土砌块对孔砌筑砌体的抗压强度设计值，应按表3.2.1-4采用。

表3.2.1-4　单排孔混凝土砌块和轻集料混凝土砌块对孔砌筑砌体的抗压强度设计值(MPa)

砖强度等级	砂浆强度等级					砂浆强度
	Mb20	Mb15	Mb10	Mb7.5	Mb5	0
MU20	6.30	5.68	4.95	4.44	3.94	2.33
MU15	—	4.61	4.02	3.61	3.20	1.89
MU10	—	—	2.79	2.50	2.22	1.31
MU7.5	—	—	—	1.93	1.71	1.01
MU5	—	—	—	—	1.19	0.70

注:1. 对独立柱或厚度为双排组砌的砌块砌体,应按表中数值乘以0.7。

2. 对T形截面墙体、柱,应按表中数值乘以0.85。

5　单排孔混凝土砌块对孔砌筑时,灌孔砌体的抗压强度设计值f_g,应按下列方法确定:

1)混凝土砌块砌体的灌孔混凝土强度等级不应低于Cb20,且不应低于1.5倍的块体强度等级。灌孔混凝土强度指标取同强度等级的混凝土强度指标。

2)灌孔混凝土砌块砌体的抗压强度设计值f_g,应按下列公式计算:

$$f_g = f + 0.6\alpha f_c \quad (3.2.1-1)$$

$$\alpha = \delta\rho \quad (3.2.1-2)$$

式中　f_g——灌孔混凝土砌块砌体的抗压强度设计值,该值不应大于未灌孔砌体抗压强度设计值的2倍;

f——未灌孔混凝土砌块砌体的抗压强度设计值,应按表3.2.1-4采用;

f_c——灌孔混凝土的轴心抗压强度设计值;

α——混凝土砌块砌体中灌孔混凝土面积与砌体毛面积的比值;

δ——混凝土砌块的孔洞率;

ρ——混凝土砌块砌体的灌孔率,系截面灌孔混凝土面积与截面孔洞面积的比值,灌孔率应根据受力或施工条件确定,且不应小于33%。

6　双排孔或多排孔轻集料混凝土砌块砌体的抗压强度设计值,应按表3.2.1-5采用。

表3.2.1-5　双排孔或多排孔轻集料混凝土砌块砌体的抗压强度设计值(MPa)

砖强度等级	砂浆强度等级			砂浆强度
	M10	M7.5	M5	0
MU10	3.08	2.76	2.45	1.44
MU7.5	—	2.13	1.88	1.12
MU5	—	-1.31	1.31	0.78
MU3.5	—	—	0.95	0.56

注:1. 表中的砌块为火山渣、浮石和陶粒轻集料混凝土砌块。

2. 对厚度方向为双排组砌的轻集料混凝土砌块砌体的抗压强度设计值,应按表中数值乘以0.8。

7　块体高度为180 mm~350 mm的毛料石砌体的抗压强度设计值,应按表3.2.1-6采用。

表 3.2.1－6　毛料石砌体的抗压强度设计值(MPa)

砖强度等级	砂浆强度等级			砂浆强度
	M7.5	M5	2.5	0
MU100	5.42	4.80	4.18	2.13
MU80	4.85	4.29	3.73	1.91
MU60	4.20	3.71	3.23	1.65
MU50	3.83	3.39	2.95	1.51
MU40	3.43	3.04	2.64	1.35
MU30	2.97	2.63	2.29	1.17
MU20	2.42	2.15	1.87	0.95

注:对细料石砌体、粗料石砌体和干砌勾缝石砌体,表中数值应分别乘以调整系数 1.4、1.2 和 0.8。

8　毛石砌体的抗压强度设计值,应按表 3.2.1－7 采用。

表 3.2.1－7　毛石砌体的抗压强度设计值(MPa)

砖强度等级	砂浆强度等级			砂浆强度
	M7.5	M5	2.5	0
MU100	1.27	1.12	0.98	0.34
MU80	1.13	1.00	0.87	0.30
MU60	0.98	0.87	0.76	0.26
MU50	0.90	0.80	0.69	0.23
MU40	0.80	0.71	0.62	0.21
MU30	0.69	0.61	0.53	0.18
MU20	0.56	0.51	0.44	0.15

3.2.2　龄期为 28d 的以毛截面计算的各类砌体的轴心抗拉强度设计值、弯曲抗拉强度设计值和抗剪强度设计值,应符合下列规定:

1　当施工质量控制等级为 B 级时,强度设计值应按表 3.2.2 采用:

表 3.2.2　沿砌体灰缝截面破坏时砌体的轴心抗拉强度设计值、弯曲抗拉强度设计值和抗剪强度设计值(MPa)

强度类别	破坏特征及砌体种类		砂浆强度等级			
			≥M10	M7.5	M5	M2.5
轴心抗位	沿齿缝	烧结普通砖、烧结多孔砖	0.19	0.16	0.13	0.09
		混凝土普通砖、混凝土多孔砖	0.19	0.16	0.13	—
		蒸压灰砂普通砖、蒸压粉煤灰普通砖	0.12	0.10	0.08	—
		混凝土和轻集料混凝土砌块	0.09	0.08	0.07	—
		毛石	—	0.07	0.06	0.04

续表 3.2.2

强度类别	破坏特征及砌体种类		砂浆强度等级			
			≥M10	M7.5	M5	M2.5
弯曲抗拉	沿齿缝	烧结普通砖、烧结多孔砖	0.33	0.29	0.23	0.17
		混凝土普通砖、混凝土多孔砖	0.33	0.29	0.23	—
		蒸压灰砂普通砖、蒸压粉煤灰普通砖	0.24	0.20	0.16	—
		混凝土和轻集料混凝土砌块	0.11	0.09	0.08	—
		毛石	—	0.11	0.09	0.07
	沿通缝	烧结普通砖、烧结多孔砖	0.17	0.14	0.11	0.08
		混凝土普通砖、混凝土多孔砖	0.17	0.14	0.11	—
		蒸压灰砂普通砖、蒸压粉煤灰普通砖	0.12	0.10	0.08	—
		混凝土和轻集料混凝土砌块	0.08	0.06	0.05	—
抗剪	烧结普通砖、烧结多孔砖		0.17	0.14	0.11	0.08
	混凝土普通砖、混凝土多孔砖		0.17	0.14	0.11	—
	蒸压灰砂普通砖、蒸压粉煤灰普通砖		0.12	0.10	0.08	—
	混凝土和轻集料混凝土砌块		0.09	0.08	0.06	—
	毛石		—	0.19	0.16	0.11

注：1. 对于用形状规则的块体磁筑的砌体，当搭接长度与块体高度的比值小于1时，其轴心抗拉强度设计值 f_t 和弯曲抗拉强度设计值 f_{tm}，按表中数值承以搭接长度与块体高度比值后采用；

2. 表中数值是依据普通砂浆砌筑的砌体确定，采用经研究性试验晟通过技术鉴定的专用砂浆砌筑的蒸压灰砂普通砖、蒸压粉煤灰普通砖砌体，其抗剪强度设计值按相应普通砂浆强度等级砌筑的烧结普通砖砌体采用；

3. 对混凝土普通砖、混凝土多孔砖、混凝土和轻集料混凝土砌块砌体，表中的砂浆强度等级分别为：≥Mb10、Mb7.5 及 Mb5。

2　单排孔混凝土砌块对孔砌筑时，灌孔砌体的抗剪强度设计值 f_{vg}，应按下式计算：

$$f_{vg}=0.2f_g^{0.55} \tag{3.2.2}$$

式中　f_g——灌孔砌体的抗压强度设计值(MPa)。

3.2.3　下列情况的各类砌体，其砌体强度设计值应乘以调整系数 γ_a：

1　对无筋砌体构件，其截面面积小于 $0.3m^2$ 时，γ_a 为其截面面积加0.7；对配筋砌体构件，当其中砌体截面面积小于 $0.2m^2$ 时，γ_a 为其截面面积加0.8；构件截面面积以“m^2”计；

2　当砌体用强度等级小于M5.0的水泥砂浆砌筑时，对第3.2.1条各表中的数值，γ_a 为0.9；对第3.2.2条表3.2.2中数值，γ_a 为0.8；

3　当验算施工中房屋的构件时，γ_a 为1.1。

6.2.1　预制钢筋混凝土板在混凝土圈梁上的支撑长度不应小于80mm，板端伸出的钢筋应与圈梁可靠连接，且同时浇筑；预制钢筋混凝土板在墙上的支承长度不应小于100mm，并应按下列方法进行连接：

1　板支撑于内墙时，板端钢筋伸出长度不应小于70mm，且与支座处沿墙配置的纵筋绑扎，用强度等级不应低于C25的混凝土浇筑成板带；

2　板支承于外墙时，板端钢筋伸出长度不应小于 100mm，且与支座处沿墙配置的纵筋绑扎，并用强度等级不应低于 C25 的混凝土浇筑成板带；

3　预制钢筋混凝土板与现浇板对接时，预制板端钢筋应伸入现浇板中进行连接后，再浇筑现浇板。

6.2.2　墙体转角处和纵横墙交接处应沿竖向每隔 400mm ~ 500mm 设拉结钢筋，其数量为每 120mm 墙厚不少于 1 根直径 6mm 的钢筋；或采用焊接钢筋网片，埋入长度从墙的转角或交接处算起，对实心砖墙每边不小于 500mm，对多孔砖墙和砌块墙不小于 700mm。

6.4.2　外叶墙的砖及混凝土砌块的强度等级，不应低于 MU10。

7.1.2　厂房、仓库、食堂等空旷单层房屋应按下列规定设置圈梁：

1　砖砌体结构房屋，檐口标高为 5m ~ 8m 时，应在檐口标高处设置圈梁一道；檐口标高大于 8m 时，应增加设置数量；

2　砌块及料石砌体结构房屋，檐口标高为 4m ~ 5m 时，应在檐口标高处设置圈梁一道；檐口标高大于 5m 时，应增加设置数量；

3　对有吊车或较大振动设备的单层工业房屋，当未采取有效的隔振措施时，除在檐口或窗顶标高处设置现浇混凝土圈梁外，尚应增加设置数量。

7.1.3　住宅、办公楼等多层砌体结构民用房屋，且层数为 3 层 ~ 4 层时，应在底层和檐口标高处各设置一道圈梁。当层数超过 4 层时，除应在底层和檐口标高处各设置一道圈梁外，至少应在所有纵、横墙上隔层设置。多层砌体工业房屋，应每层设置现浇混凝土圈梁。设置墙梁的多层砌体结构房屋，应在托梁、墙梁顶面和檐口标高处设置现浇钢筋混凝土圈梁。

7.3.2　采用烧结普通砖砌体、混凝土普通砖砌体、混凝土多孔砖砌体和混凝土砌块砌体的墙梁设计应符合下列规定：

1　墙梁设计应符合表 7.3.2 的规定：

表 7.3.2　墙梁的一般规定

墙梁类别	墙体总高度(m)	跨度(m)	墙体高跨比 h_w/l_{oi}	托梁高跨比 h_b/l_{oi}	洞宽 h_h/l_{oi}	洞高 h_h
承重墙梁	≤18	≤9	≥0.4	≥1/10	≤0.3	≤$5h_w/6$ 且 $h_w-h_h \geq 0.4$ m
自承重墙梁	≤18	≤12	≥1/3	≥1/15	≤0.8	–

注：墙体总高度指托梁顶面到檐口的高度，带阁楼的坡屋面应算到山尖墙 1/2 高度处。

2　墙梁计算高度范围内每跨允许设置一个洞口，洞口高度，对窗洞取洞顶至托梁顶面距离。对自承重墙梁，洞口至边支座中心的距离不应小于 $0.1l_{oi}$，门窗洞上口至墙顶的距离不应小于 0.5m。

3　洞口边缘至支座中心的距离，距边支座不应小于墙梁计算跨度的 0.15 倍，距中支座不应小于墙梁计算跨度的 0.07 倍。托梁支座处上部墙体设置混凝土构造柱、且构造柱边缘至洞口边缘的距离不小于 240mm 时，洞口边至支座中心距离的限值可不受本规定限制。

4　托梁高跨比，对无洞口墙梁不宜大于 1/7，对靠近支座有洞口的墙梁不宜大于 1/6。配筋砌块砌体墙梁的托梁高跨比可适当放宽，但不宜小于 1/14；当墙梁结构中的墙体均为配筋砌块砌体时，墙体总高度可不受本规定限制。

9.4.8　**配筋砌块砌体剪力墙的构造配筋应符合下列规定：**

1　**应在墙的转角、端部和孔洞的两侧配置竖向连续的钢筋，钢筋直径不应小于12mm；**

2　**应在洞口的底部和顶部设置不小于2ϕ10的水平钢筋，其伸入墙内的长度不应小于40d和600mm；**

3　**应在楼（屋）盖的所有纵横墙处设置现浇钢筋混凝土圈梁，圈梁的宽度和高度应等于墙厚和块高，圈梁主筋不应少于4ϕ10，圈梁的混凝土强度等级不应低于同层混凝土块体强度等级的2倍，或该层灌孔混凝土的强度等级，也不应低于C20；**

4　**剪力墙其他部位的竖向和水平钢筋的间距不应大于墙长、墙高的1/3，也不应大于900 mm；**

5　**剪力墙沿竖向和水平方向的构造钢筋配筋率均不应小于0.07%。**

（2）以下是关于《多孔砌体结构技术规范（2002年版）》（JGJ 137—2001）摘要。

4.4.1　**跨度大于6m的屋架和跨度大于4.8m的梁，其支撑面下应设置混凝土或钢筋混凝土垫块；当墙中设有圈梁时，垫块与圈梁应浇成整体。**

4.5.1　**采用多孔砖砌筑住宅、宿舍、办公楼等民用房屋：当墙厚为190mm，且层数在四层及以下时，应在底层和檐口标高处各设置梁一道；当墙厚大于190mm时，应在檐口标高处设置圈梁一道；当层数超过四层时，除顶层必须设置圈梁外，至少应隔层设置。**

4.4　钢结构

为了审查方便，现将规范对钢结构要求汇总如下（**黑体部分**为强制性条文），仅供参考：

4.4.1　普通钢结构

以下是关于《钢结构设计规范》（GB 50017—201×）摘要。

3.1.3　除疲劳设计采用容许应力法外，钢结构应按承载能力极限状态和正常使用极限状态进行设计：

1　承载能力极限状态包括：构件或连接的强度破坏、脆性断裂，因过度变形而不适用于继续承载，结构或构件丧失稳定，结构转变为机动体系和结构倾覆；

2　正常使用极限状态包括：影响结构、构件或非结构构件正常使用或外观的变形，影响正常使用的振动，影响正常使用或耐久性能的局部损坏（包括混凝土裂缝）。

3.1.4　钢结构的安全等级和设计使用年限应符合国家现行标准《建筑结构可靠度设计统一标准》GB 50068和《工程结构可靠度设计统一标准》GB 50153的规定。

一般工业与民用建筑钢结构的安全等级应取为二级，其他特殊建筑钢结构的安全等级应根据具体情况另行确定。

建筑物中各类结构构件的安全等级，宜与整个结构的安全等级相同。对其中部分结构构件的安全等级可进行调整，但不得低于三级。

3.1.5　按承载能力极限状态设计钢结构时，应考虑荷载效应的基本组合，必要时尚应考虑荷载效应的偶然组合。

按正常使用极限状态设计钢结构时，应考虑荷载效应的标准组合，对钢与混凝土组合梁，尚应考虑准永久组合。

3.1.6 计算结构或构件的强度、稳定性以及连接的强度时，应采用荷载设计值（荷载标准值乘以荷载分项系数）；计算疲劳时，应采用荷载标准值。

3.3.1 设计钢结构时，荷载的标准值、荷载分项系数、荷载组合值系数、动力荷载的动力系数等，应按国家现行标准《建筑结构荷载规范》GB 50009 的规定采用；地震作用应根据国家现行标准《建筑抗震设计规范》GB 50011 确定。

注：1 对支撑轻屋面的构件或结构（檩条、屋架、框架等），当仅有一个可变荷载且受荷水平投影面积超过 $60m^2$ 时，屋面均布活荷载标准值应取为 $0.3kN/m^2$；

2 门式刚架轻型房屋的风荷载和雪荷载应符合专门的规定。

4.3.2 承重结构所用的钢材应具有较高的强度与良好的延性、韧性、冷弯性能和焊接性能，选用时应要求其具有屈服强度、伸长率、抗拉强度、冷弯试验和碳、硅、锰、硫、磷含量的合格保证，对焊接结构尚应具有碳含量（或碳当量）的合格保证；对直接承受动力荷载或需验算疲劳的构件所用钢材尚应具有常温冲击韧性合格保证。

4.4.1 钢材的设计用强度指标，应根据钢材牌号、厚度或直径按表 4.4.1 采用。

表 4.4.1 设计用钢材强度指标（N/mm^2）

钢材牌号		钢材厚度或直径/mm	强度设计值			屈服强度 f_y	极限抗拉强度设计值 f_u
			抗拉、抗压、抗弯 f	抗剪 f_v	端面承压（刨平顶紧）f_{ce}		
碳素结构钢	Q235	≤16	215	125	320	235	370
		>16~40	205	120		225	
		>40~100	200	115		215	
低合金高强度结构钢	Q345	≤16	300	175	400	345	470
		>16~40	295	170		335	
		>40~63	290	165		325	
		>63~80	280	160		315	
		>80~100	270	155		305	
	Q390	≤16	345	200	415	390	490
		>16~40	330	190		370	
		>40~63	310	180		350	
		>63~100	295	170		330	
	Q420	≤16	375	215	440	420	520
		>16~40	355	205		400	
		>40~63	320	185		380	
		>63~100	305	175		360	

续表 4.4.1

钢材牌号		钢材厚度或直径/mm	强度设计值			屈服强度 f_y	极限抗拉强度设计值 f_u
			抗拉、抗压、抗弯 f	抗剪 f_v	端面承压(刨平顶紧) f_{ce}		
低合金高强度结构钢	Q460	≤16	410	235	470	460	550
		>16~40	390	225		440	
		>40~63	355	205		420	
		>63~100	340	195		400	
建筑结构用钢板	Q345GJ	>16~35	310	180	415	345	490
		>35~50	290	170		335	
		>50~100	285	165		325	

注:1. 表中直径指实芯棒材,厚度系指计算点的钢材或钢管壁厚度,对轴心受拉和轴心受压构件系指截面中较厚板件的厚度。

2. 壁厚不大于 6 mm 的冷弯型材和冷弯钢管,其强度设计值应按国家现行规范《冷弯型钢结构技术规范》GB 50018 的规定采用。

4.4.2　结构设计用无缝钢管的强度指标按表 4.4.2 采用。

表 4.4.2　结构设计无缝钢管的强度指标(N/mm²)

钢管钢材牌号	壁厚/mm	强度设计值			钢管强度	
		抗拉、抗压、抗弯 f	抗剪 f_v	端面承压(刨平顶紧) f_{ce}	屈服强度 f_y	抗拉强度最小值 f_u
Q235	≤16	215	125	320	235	375
	>16~30	205	120		225	
	>30	195	115		215	
Q345	≤16	305	175	400	345	470
	>16~30	290	170		325	
	>30	260	150		295	
Q390	≤16	345	200	415	390	490
	>16~30	330	190		370	
	>30	310	180		350	
Q420	≤16	375	220	445	420	520
	>16~30	355	205		400	
	>30	340	195		380	
Q460	≤16	410	240	470	460	550
	>16~30	390	225		440	
	>30	360	210		420	

4.4.3　铸钢件的强度设计值按表4.4.3采用。

表4.4.3　铸钢件的强度设计值(N/mm²)

类别	钢号	铸件厚度/mm	抗拉、抗压、抗弯 f	抗剪 f_v	端面承压(刨平顶紧) f_{ce}
非焊接结构用铸钢件	ZG230－450	≤100	180	105	290
	ZG270－500		210	120	325
	ZG310－570		240	140	370
焊接结构用铸钢件	ZG230－450H		180	105	290
	ZG275－480H		210	120	310
	ZG300－500H		235	135	325
	ZG390－550H		265	150	355

注：表中强度设计值仅适用于本表规定的厚度。

4.4.4　焊缝的强度设计值按表4.4.4采用。

表4.4.4　焊缝强度设计值(N/mm²)

焊接方法和焊条型号	构件钢材		对接焊缝强度设计值				角焊缝强度设计值
	牌号	厚度或直径	抗压 f_c^w	焊缝质量为下列等级时，抗拉 f_t^w		抗剪 f_v^w	抗拉、抗压和抗剪 f_f^w
				一级、二级	三级		
自动焊、半自动焊和E43型焊条手工焊	Q235	≤16	215	215	185	125	160
		>16，≤40	205	205	175	120	
		>40，≤60	200	200	170	115	
		>60，≤100	200	200	170	115	
自动焊、半自动焊和E50、E55型焊条手工焊	Q345	≤16	305	305	260	175	200
		>16，≤40	295	295	250	170	
		>40，≤63	290	290	245	165	
		>63，≤80	280	280	240	160	
		>80，≤100	270	270	230	155	
	Q390	≤16	345	345	295	200	200(E50) 220(E55)
		>16，≤40	330	330	280	190	
		>40，≤63	310	310	265	180	
		>63，≤80	295	295	250	170	
		>80，≤100	295	295	250	170	

续表 4.4.4

焊接方法和焊条型号	构件钢材		对接焊缝强度设计值				角焊缝强度设计值
	牌号	厚度或直径	抗压 f_c^w	焊缝质量为下列等级时，抗拉 f_t^w		抗剪 f_v^w	抗拉、抗压和抗剪 f_f^w
				一级、二级	三级		
自动焊、半自动焊和E55、E60型焊条手工焊	Q420	≤16	375	375	320	215	220(E55) 240(E60)
		>16，≤40	355	355	300	205	
		>40，≤63	320	320	270	185	
		>63，≤80	305	305	260	175	
		>80，≤100	305	305	260	175	
	Q460	≤16	410	410	350	235	
		>16，≤40	390	390	330	225	
		>40，≤63	355	355	300	205	
		>63，≤80	340	340	290	195	
		>80，≤100	340	340	290	195	
自动焊、半自动焊和E50、E55型焊条手工焊	Q345GJ	>16，≤35	310	310	265	180	200
		>35，≤50	290	290	245	170	
		>50，≤80	285	285	240	165	

注：1. 手工焊用焊条、自动焊和半自动焊所采用的焊丝和焊剂，应保证其熔敷金属的力学性能不低于母材的性能。

2. 焊缝质量等级应符合国家现行标准《钢结构焊接规范》GB 50661 的规定，其检验方法应符合国家现行标准《钢结构工程施工质量验收规范》GB 50205 的规定。其中厚度小于3.5mm钢材的对接焊缝，不应采用超声波探伤确定焊缝质量等级。

3. 对接焊缝在受压区的抗弯强度设计值取 f_c^w，在受拉区的抗弯强度设计值取 f_t^w。

4. 表中厚度系指计算点的钢材厚度，对轴心受拉和轴心受压构件系指截面中较厚板件的厚度。

5. 计算下列情况的连接时，上表规定的强度设计值应乘以相应的折减系数；几种情况同时存在时，其折减系数应连乘。

1）施工条件较差的高空安装焊缝乘以系数0.9。

2）进行无垫板的单面施焊对接焊缝的连接计算应乘折减系数0.85。

4.4.5　设计用螺栓连接的强度值按表4.4.5采用。

表 4.4.5　设计用螺栓连接的强度值（N/mm²）

螺栓的性能等级、锚栓和构件钢材的牌号		普通螺栓						锚栓	承压型连接或网架用高强度螺栓			高强度螺栓钢材的抗拉强度最小值
		C级螺栓			A级、B级螺栓							
		抗拉 f_t^b	抗剪 f_v^b	承压 f_c^b	抗拉 f_t^b	抗剪 f_v^b	承压 f_c^b	抗拉 f_t^b	抗拉 f_t^b	抗剪 f_v^b	承压 f_c^b	f_u^b
普通螺栓	4.6级、4.8级	170	140	—	—	—	—	—	—	—	—	—
	5.6级	—	—	—	210	190	—	—	—	—	—	—
	8.8级	—	—	—	400	320	—	—	—	—	—	—

续表 4.4.5

螺栓的性能等级、锚栓和构件钢材的牌号		普通螺栓						锚栓	承压型连接或网架用高强度螺栓			高强度螺栓钢材的抗拉强度最小值
		C 级螺栓			A 级、B 级螺栓							
		抗拉 f_t^b	抗剪 f_v^b	承压 f_c^b	抗拉 f_t^b	抗剪 f_v^b	承压 f_c^b	抗拉 f_t^b	抗拉 f_t^b	抗剪 f_v^b	承压 f_c^b	f_u^b
锚栓	Q235	—	—	—	—	—	—	140	—	—	—	—
	Q345	—	—	—	—	—	—	180	—	—	—	—
	Q390	—	—	—	—	—	—	185	—	—	—	—
承压型连接高强度螺栓	8.8 级	—	—	—	—	—	—	—	400	250	—	830
	10.9 级	—	—	—	—	—	—	—	500	310	—	1040
螺栓球节点用高强度螺栓	9.8 级	—	—	—	—	—	—	—	385	—	—	—
	10.9 级	—	—	—	—	—	—	—	430	—	—	—
构件钢材牌号	Q235	—	—	305	—	—	405	—	—	—	470	—
	Q345	—	—	385	—	—	510	—	—	—	590	—
	Q390	—	—	400	—	—	530	—	—	—	615	—
	Q420	—	—	425	—	—	560	—	—	—	655	—
	Q460	—	—	450	—	—	595	—	—	—	695	—
	Q345GJ	—	—	400	—	—	530	—	—	—	615	—

注:1. A 级螺栓用于 $d \leqslant 24$mm 和 $L \leqslant 10d$ 或 $L \leqslant 150$mm(按较小值)的螺栓;B 级螺栓用于 $d > 24$mm 和 $L > 10d$ 或 $L > 150$mm(按较小值)的螺栓;d 为公称直径,L 为螺栓公称长度。

2. A、B 级螺栓孔的精度和孔壁表面粗糙度,C 级螺栓孔的允许偏差和孔壁表面粗糙度,均应符合国家现行标准《钢结构工程施工质量验收规范》GB 50205 的要求。

3. 用于螺栓球节点网架的高强度螺栓,M12 ~ M36 为 10.9 级,M39 ~ M64 为 9.8 级。

4.4.6 铆钉连接的强度设计值按表 4.4.6 采用。

表 4.4.6 铆钉连接的强度设计值(N/mm²)

铆钉钢号和构件钢材牌号		抗拉(钉头拉脱)f_t^r	抗剪 f_v^r		承压 f_c^r	
			Ⅰ类孔	Ⅱ类孔	Ⅰ类孔	Ⅱ类孔
铆钉	BL2 或 BL3	120	185	155	—	—
构件钢材牌号	Q235	—	—	—	450	365
	Q345	—	—	—	565	460
	Q390	—	—	—	590	480

注:1. 属于下列情况者为Ⅰ类孔:

1)在装配好的构件上按设计孔径钻成的孔。

2)在单个零件和构件上按设计孔径分别用钻模钻成的孔。

3)在单个零件上先钻成或冲成较小的孔径,然后在装配好的构件上再扩钻至设计孔径的孔。

2. 在单个零件上一次冲成或不用钻模钻成设计孔径的孔属于Ⅱ类孔。

3. 计算下列情况的连接时,上表规定的强度设计值应乘以相应的折减系数;几种情况同时存在时,其折减系数应连乘。

1）施工条件较差的铆钉连接乘以系数0.9。

2）沉头和半沉头铆钉连接乘以0.8。

5.1.9　大跨度钢结构体系、张拉体系、单层球面网壳、柱面网壳和椭圆抛物面网壳应采用二阶弹性分析或直接分析。

4.4.2　薄壁型钢结构

以下是关于《冷弯薄壁型钢结构技术规程》（GB 50018—2002）摘要。

3.0.6　在冷弯薄壁型钢结构设计图纸和材料订货文件中，应注明采用的钢材的牌号和质量等级、供货条件等以及连接材料的型号（或钢材的牌号）。必要时尚应注明对钢材所要求的机械性能和化学成分的附加保证项目。

4.1.3　设计冷弯薄壁型钢结构时的重要性系数 γ_0 应根据结构的安全等级、设计使用年限确定。

一般工业与民用建筑冷弯薄壁型钢结构的安全等级取为二级，设计使用年限为50年时，其重要性系数不应小于1.0；设计使用年限为25年时，其重要性系数不应小于0.95。特殊建筑冷弯薄壁型钢结构安全等级、设计使用年限另行确定。

4.1.7　设计刚架、屋架、檩条和墙梁时，应考虑由于风吸力作用引起构件内力变化的不利影响，此时永久荷载的荷载分项系数应取1.0。

4.2.1　钢材的强度设计值应按表4.2.1采用。

表4.2.1　钢材的强度设计值（N/mm^2）

钢材牌号	抗拉、抗压和抗弯 f	抗剪 f_v	端面承压（磨平顶紧）f_{ce}
Q235钢	205	120	310
Q345钢	300	175	400

4.2.3　经退火、焊接和热镀锌等热处理的冷弯薄壁型钢构件不得采用考虑冷弯效应的强度设计值。

4.2.4　焊缝的强度设计值应按表4.2.4采用。

表4.2.4　焊缝的强度设计值（N/mm^2）

构件钢材牌号	对接焊缝			角焊缝
	抗压 f_c^w	抗拉 f_t^w	抗剪 f_v^w	抗压、抗拉和抗剪 f_f^w
Q235钢	205	175	120	140
Q345钢	100	255	175	195

注：1. 当Q235钢与Q345钢对接焊接时，焊缝的强度设计值应按表4.2.4中Q235钢栏的数值采用。

2. 经X射线检查符合一、二级焊缝质量标准的对接焊缝的抗拉强度设计值采用抗压强度设计值。

4.2.5　C级普通螺栓连接的强度设计值应按表4.2.5采用。

表 4.2.5 C 级普通螺栓连接的强度设计值(N/mm²)

类别	性能等级	构件钢材的牌号	
	4.6 级、4.8 级	Q235 钢	Q345 钢
抗拉 f_t^b	165	—	—
抗剪 f_v^b	125	—	—
承压 f_c^b	—	290	370

4.2.7 计算下列情况的结构构件和连接时,本规范 4.2.1 至 4.2.6 条规定的强度设计值,应乘以下列相应的折减系数。

1 平面格构式檩条的端部主要受压腹杆:0.85。

2 单面连接的单角钢杆件:

1)按轴心受力计算强度和连接 0.85;

2)按轴心受压计算稳定性 $0.6+0.0014\lambda$。

注:对中间无联系的单角钢压杆,λ 为按最小回转半径计算的杆件长细比。

3 无垫板的单面对接焊缝:0.85。

4 施工条件较差的高空安装焊缝:0.90。

5 两构件的连接采用搭接或其间填有垫板的连接以及单盖板的不对称连接:0.90。

上述几种情况同时存在时,其折减系数应连乘。

9.2.2 屋盖应设置支撑体系。当支撑采用圆钢时,必须具有拉紧装置。

10.2.3 门式刚架房屋应设置支撑体系。在每个温度区段或分期建设的区段,应设置横梁上弦横向水平支撑及柱间支撑;刚架转折处(即边柱柱顶和屋脊)及多跨房屋相应位置的中间柱顶,应沿房屋全长设置刚性系杆。

4.4.3 空间网络结构

以下是关于《空间网格结构技术规程》(JGJ 7—2010)摘要。

3.1.8 单层网壳应采用刚接节点。

3.4.5 对立体桁架、立体拱架和张弦立体拱架应设置平面外的稳定支撑体系。

4.3.1 单层网壳以及厚度小于跨度 1/50 的双层网壳均应进行稳定性计算。

4.4.1 对用作屋盖的网架结构,其抗震验算应符合下列规定:

1 在抗震设防烈度为 8 度的地区,对于周边支撑的中小跨度网架结构应进行竖向抗震验算,对于其他网架结构均应进行竖向和水平抗震验算;

2 在抗震设防烈度为 9 度的地区,对各种网架结构应进行竖向和水平抗震验算。

4.4.2 对于网壳结构,其抗震验算应符合下列规定:

1 在抗震设防烈度为 7 度的地区,当网壳结构的矢跨比大于或等于 1/5 时,应进行水平抗震验算;当矢跨比小于 1/5 时,应进行竖向和水平抗震验算;

2 在抗震设防烈度为 8 度或 9 度的地区,对各种网壳结构应进行竖向和水平抗震验算。

4.4.4 高层建筑钢结构

以下是关于《高层民用建筑钢结构技术规程》(JGJ 99—1998)摘要。

7.2.14　当进行组合梁的钢梁翼缘与混凝土翼板的纵向界面受剪承载力的计算时，应分别取包络连接件的纵向界面和混凝土翼板纵向界面。

7.4.6　组合板的总厚度不应小于 90mm；压型钢板顶面以上的混凝土厚度不应小于 50mm。

8.3.6　框架梁与柱性连接时，应在梁翼缘的对应位置设置柱的水平加劲肋（或隔板）。对于抗震设防的结构，水平加劲肋应与梁翼缘等厚。对非抗震设防的结构，水平加劲肋应能传递梁翼缘的集中力，其厚度不得小于梁翼缘厚度的 1/2，并应符合板件宽厚比限值。水平加劲肋的中心线应与梁翼缘的中心线对准。

8.4.2　箱形焊接柱，其角部的组装焊缝应为部分熔透的 V 形或 U 形坡口焊缝，焊缝厚度不应小于板厚的 1/3，抗震设防时不应小于板厚的 1/2（图 8.4.2－1(a)）。当梁与柱刚性连接时，在框架梁的上、下 600mm 范围内，应采用全熔透焊缝（图 8.4.2－1(b)）。

十字形柱应由钢板或两个 H 型钢焊接而成（图 8.4.2－2）；组装的焊缝均应采用部分熔透的 K 形坡口焊缝，每边焊接深度不应小于 1/3 板厚。

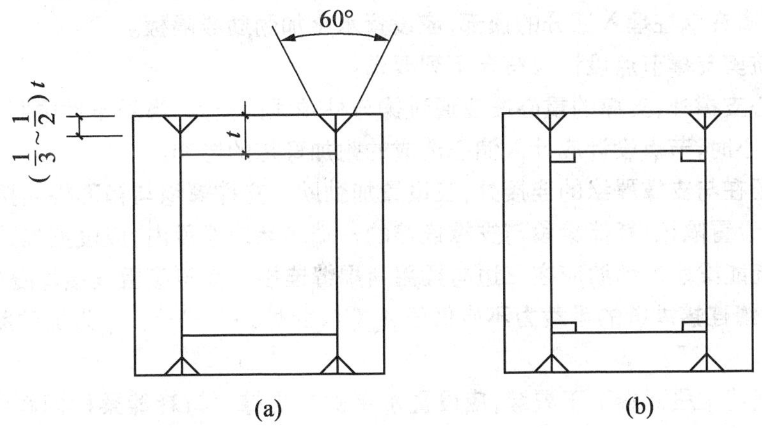

图 8.4.2－1　箱形组合柱的角部组装焊缝

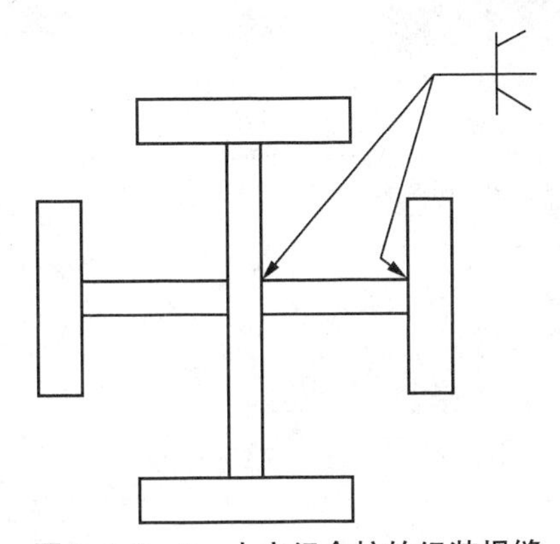

图 8.4.2－2　十字组合柱的组装焊缝

8.4.6　箱形柱在工地的接头应全部采用坡口焊接的形式。

下节箱形柱的上端应设置隔板，并应与柱口齐平。其边缘应与柱口截面一起刨平。在上节箱形柱安装单元的下部附近，尚应设置上柱隔板。柱在工地接头的上下侧各 100mm 范围内，截面组装焊缝应采用坡口全熔透焊缝。

8.6.2　埋入式柱脚(图 8.6.2)的埋深,对轻型工字形柱,不得小于钢柱截面高度的两倍;对于大截面 H 型钢柱和箱型柱,不得小于钢柱截面高度的三倍。

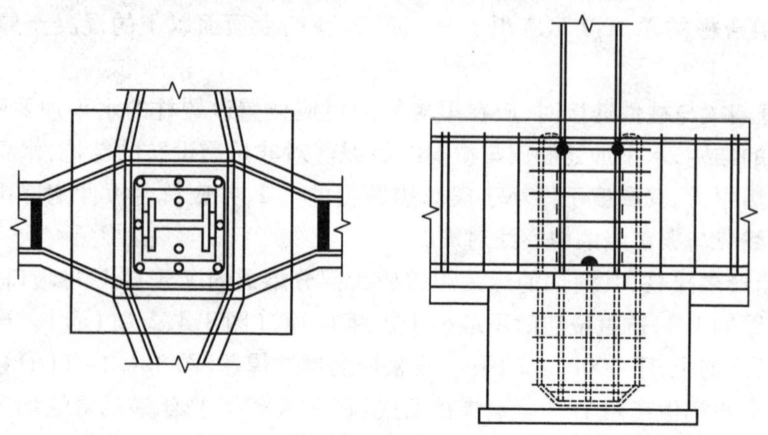

图 8.6.2　埋入式柱脚

埋入式柱脚在钢柱埋入部分的顶部,应设置水平加劲肋或隔板。

8.7.1　抗剪支撑节点设计应符合下列要求:

2　除偏心支撑外,支撑的重心线应通过梁与柱轴线的交点,当受条件限制有不大于支撑杆件宽度的偏心时,节点设计应计入偏心造成的附加弯矩的影响。

3　柱和梁在与支撑翼缘的连接处,应设置加劲肋。支撑翼缘与箱形柱连接时,在柱壁板的相应位置应设置隔板;耗能梁段与支撑连接的一端和耗能梁段内,应设置加劲肋。

8.7.6　耗能梁段加劲肋应在三边与梁用角焊缝连接。其与腹板连接焊缝的承载力不应低于 $A_{at}f$,与翼缘连接焊缝的承载力不应低于 $A_{at}f/4$,此处,$A_{at}=b_{at}t_{at}$,b_{at} 为加劲肋的宽度,t_{at} 为加劲肋的厚度。

8.7.7　耗能梁段两端上下翼缘,应设置水平侧向支撑。与耗能梁段同跨的框架梁上下翼缘,也应设置水平侧向支撑。

第5章　建筑结构施工图审查常遇问题汇总

5.1　地基与基础

5.1.1　地基基础的设计等级如何划分，哪些建筑物应按地基变形设计或变形验算

地基基础设计，应考虑上部结构和地基基础的共同作用，对建筑体型、荷载情况、结构类型和地质条件进行综合分析，确定合理的建筑措施、结构措施和地基处理方法。

为了满足各类建筑物的设计要求，提高设计质量，减少设计失误，《建筑地基基础设计规范》（GB 50007—2011）根据地基变形、建筑物规模和功能特点以及由于地基问题可能造成建筑物破坏或影响正常使用的程度，将地基基础设计分为三个设计等级，对不同设计等级的建筑物地基基础设计对地基承载力取值方法、勘探要求、变形控制原则等在有关条文里进行了规定。

（1）建筑地基基础设计等级是按照地基基础设计的复杂性和技术难度确定的，划分时考虑了建筑物的性质、规模、高度和体型；对地基变形的要求；场地和地基条件的复杂程度；以及由于地基问题对建筑物的安全和正常使用可能造成影响的严重程度等因素。

地基基础设计等级采用三级划分，见表5.1。

表5.1　地基基础设计等级

设计等级	建筑和地基类型
甲级	重要的工业与民用建筑物 30层以上的高层建筑 体型复杂，层数相差超过10层的高低层连成一体建筑物 大面积的多层地下建筑物（如地下车库、商场、运动场等） 对地基变形有特殊要求的建筑物 复杂地质条件下的坡上建筑物（包括高边坡） 对原有工程影响较大的新建建筑物 场地和地基条件复杂的一般建筑物 位于复杂地质条件及软土地区的二层及二层以上地下室的基坑工程 开挖深度大于15 m的基坑工程 周边环境条件复杂、环境保护要求高的基坑工程
乙级	除甲级、丙级以外的工业与民用建筑物 除甲级、丙级以外的基坑工程
丙级	场地和地基条件简单、荷载分布均匀的七层及七层以下民用建筑及一般工业建筑；次要的轻型建筑物 非软土地区且场地地质条件简单、基坑周边环境条件简单、环境保护要求不高且开挖深度小于5.0 m的基坑工程

在地基基础设计等级为甲级的建筑物中,30 层以上的高层建筑,不论其体型复杂与否均列入甲级,这是考虑到其高度和重量对地基承载力和变形均有较高要求,采用天然地基往往不能满足设计需要,而须考虑桩基或进行地基处理;体型复杂、层数相差超过 10 层的高低层连成一体的建筑物是指在平面上和立面上高度变化较大、体型变化复杂,且建于同一整体基础上的高层宾馆、办公楼、商业建筑等建筑物。由于上部荷载大小相差悬殊、结构刚度和构造变化复杂,很容易出现地基不均匀变形,为使地基变形不超过建筑物的允许值,地基基础设计的复杂程度和技术难度均较大,有时需要采用多种地基和基础类型或考虑采用地基与基础和上部结构共同作用的变形分析计算来解决不均匀沉降对基础和上部结构的影响问题;大面积的多层地下建筑物存在深基坑开挖的降水、支护和对邻近建筑物可能造成严重不良影响等问题,增加了地基基础设计的复杂性,有些地面以上没有荷载或荷载很小的大面积多层地下建筑物,如地下停车场、商场、运动场等还存在抗地下水浮力的设计问题;复杂地质条件下的坡上建筑物是指坡体岩土的种类、性质、产状和地下水条件变化复杂等对坡体稳定性不利的情况,此时应作坡体稳定性分析,必要时应采取整治措施;对原有工程有较大影响的新建建筑物是指在原有建筑物旁和在地铁、地下隧道、重要地下管道上或旁边新建的建筑物,当新建建筑物对原有工程影响较大时,为保证原有工程的安全和正常使用,增加了地基基础设计的复杂性和难度;场地和地基条件复杂的建筑物是指不良地质现象强烈发育的场地,如泥石流、崩塌、滑坡、岩溶土洞塌陷等,或地质环境恶劣的场地,如地下采空区、地面沉降区、地裂缝地区等,复杂地基是指地基岩土种类和性质变化很大、有古河道或暗浜分布、地基为特殊性岩土,如膨胀土、湿陷性土等,以及地下水对工程影响很大需特殊处理等情况,上述情况均增加了地基基础设计的复杂程度和技术难度。对在复杂地质条件和软土地区开挖较深的基坑工程,由于基坑支护、开挖和地下水控制等技术复杂、难度较大;挖深大于 15 m 的基坑以及基坑周边环境条件复杂、环境保护要求高时对基坑支档结构的位移控制严格,也列入甲级。

表 5.1 所列的设计等级为丙级的建筑物是指建筑场地稳定,地基岩土均匀良好、荷载分布均匀的七层及七层以下的民用建筑和一般工业建筑物以及次要的轻型建筑物。

由于情况复杂,设计时应根据建筑物和地基的具体情况参照上述说明确定地基基础的设计等级。

现行国家标准《工程结构可靠性设计统一标准》(GB 50153—2008)对结构设计应满足的功能要求作了如下规定:

①能承受在正常施工和正常使用时可能出现的各种作用;

②保持良好的使用性能;

③具有足够的耐久性能;

④当发生火灾时,在规定的时间内可保持足够的承载力;

⑤当发生爆炸、撞击、人为错误等偶然事件时,结构能保持必需的整体稳固性,不出现与起因不相称的破坏后果,防止出现结构的连续倒塌。

按此规定根据地基工作状态,地基设计时应当考虑:

①在长期荷载作用下,地基变形不致造成承重结构的损坏;

②在最不利荷载作用下,地基不出现失稳现象;

③具有足够的耐久性能。

因此,地基基础设计应注意区分上述三种功能要求。在满足第一功能要求时,地基承载力的选取以不使地基中出现长期塑性变形为原则,同时还要考虑在此条件下各类建筑可能出现的变形特征及变形量。由于地基土的变形具有长期的时间效应,与钢、混凝土、砖石等材料相比,它属于大变形材料。从已有的大量地基事故分析,绝大多数事故皆由地基变形过大或不均匀造成。故在规范中明确规定了按变形设计的原则、方法;对于一部分地基基础设计等级为丙级的建筑物,当按地基承载力设计基础面积及埋深后,其变形亦同时满足要求时可不进行变形计算。

地基基础的设计使用年限应满足上部结构的设计使用年限要求。大量工程实践证明,地基在长期荷载作用下承载力有所提高,基础材料应根据其工作环境满足耐久性设计要求。

(2)根据建筑物地基基础设计等级及长期荷载作用下地基变形对上部结构的影响程度,地基基础设计应符合下列规定:

①所有建筑物的地基计算均应满足承载力计算的有关规定;

②设计等级为甲级、乙级的建筑物,均应按地基变形设计;

③设计等级为丙级的建筑物有下列情况之一时应作变形验算:

a. 地基承载力特征值小于130 kPa,且体型复杂的建筑;

b. 在基础上及其附近有地面堆载或相邻基础荷载差异较大,可能引起地基产生过大的不均匀沉降时;

c. 软弱地基上的建筑物存在偏心荷载时;

d. 相邻建筑距离近,可能发生倾斜时;

e. 地基内有厚度较大或厚薄不均的填土,其自重固结未完成时。

④对经常受水平荷载作用的高层建筑、高耸结构和挡土墙等,以及建造在斜坡上或边坡附近的建筑物和构筑物,尚应验算其稳定性;

⑤基坑工程应进行稳定性验算;

⑥建筑地下室或地下构筑物存在上浮问题时,尚应进行抗浮验算。

(3)表5.2所列范围内设计等级为丙级的建筑物可不作变形验算。

表5.2 可不作地基变形验算的设计等级为丙级的建筑物范围

地基主要受力层情况	地基承载力特征值 f_{ak}/kPa			$80 \leqslant f_{ak} < 100$	$100 \leqslant f_{ak} < 130$	$130 \leqslant f_{ak} < 160$	$160 \leqslant f_{ak} < 200$	$200 \leqslant f_{ak} < 300$
	各土层坡度/%			≤5	≤10	≤10	≤10	≤10
建筑类型	砌体承重结构、框架结构/层数			≤5	≤5	≤6	≤6	≤7
	单层排架构(6 m柱距)	单跨	吊车额定起重量/t	10~15	15~20	20~30	30~50	50~100
			厂房跨度/m	≤18	≤24	≤30	≤30	≤30
		多跨	吊车额定起重量/t	5~10	10~15	15~20	20~30	30~75
			厂房跨度/m	≤18	≤24	≤30	≤30	≤30
建筑类型	烟囱		高度/m	≤40	≤50	≤75		≤100
	水塔		高度/m	≤20	≤30	≤30		≤30
			容积/m^3	50~100	100~200	200~300	300~500	500~1 000

注:1. 地基主要受力层系指条形基础底面下深度为$3b$(b为基础底面宽度),独立基础下为$1.5b$,且厚度均不

小于 5 m 的范围(二层以下一般的民用建筑除外);

2. 地基主要受力层中如有承载力特征值小于 130 kPa 的土层,表中砌体承重结构的设计,应符合《建筑地基基础设计规范》(GB 50007—2011)第 7 章的有关要求;

3. 表中砌体承重结构和框架结构均指民用建筑,对于工业建筑可按厂房高度、荷载情况折合成与其相当的民用建筑层数;

4. 表中吊车额定起重量、烟囱高度和水塔容积的数值系指最大值。

5.1.2　如何进行滑坡防治

滑坡是山区建设中常见的不良地质现象,有的滑坡是在自然条件下产生的,有的是在工程活动影响下产生的。滑坡对工程建设危害极大,山区建设对滑坡问题必须重视。

在建设场区内,由于施工或其他因素的影响有可能形成滑坡的地段,必须采取可靠的预防措施。对具有发展趋势并威胁建筑物安全使用的滑坡,应及早采取综合整治措施,防止滑坡继续发展。

5.1.3　桩基础伸入承台内的连接构造是如何规定的

(1)桩顶应设置在同一标高(变刚调平设计除外)。

(2)方桩的长边尺寸、圆桩的直径 <800 mm(小孔径桩)及≥800 mm(大孔径桩)时,桩在承台(承台梁)内的嵌入长度,小孔径桩不低于 50 mm,大孔径桩不低于 100 mm,如图 5.1 所示。

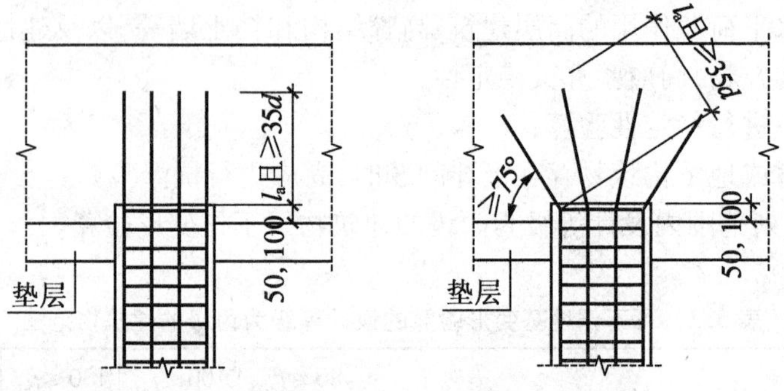

图 5.1　桩顶纵筋在承台内的锚固构造

(3)桩纵向钢筋在承台内的锚固长度(抗压、抗拔桩,l_a、l_{ae}、35d、40d),《建筑桩基技术规范》(JGJ 94—2008)中规定不能小于 35d,地下水位较高,设计的抗拔桩,还有单桩承载力试验时,这时一般要求不小于 40d,如图 5.1 所示。

(4)大口径桩单柱无承台时,桩钢筋锚入大口径桩内,如人工挖孔桩,要设计拉梁。

(5)当承台高度不满足直锚要求时,竖直锚固长度不应小于 20d,并向柱轴线方向 90°弯折 15d。

(6)当桩顶纵筋预留长度大于承台厚度时,预留钢筋在承台内向四周弯成≥75°的方式处理,如图 5.1 所示。

5.1.4　独立基础间如何设置拉梁

基础联系梁用于独立基础、条形基础及桩基承台。基础联系梁配筋构造如图 5.2 所示。

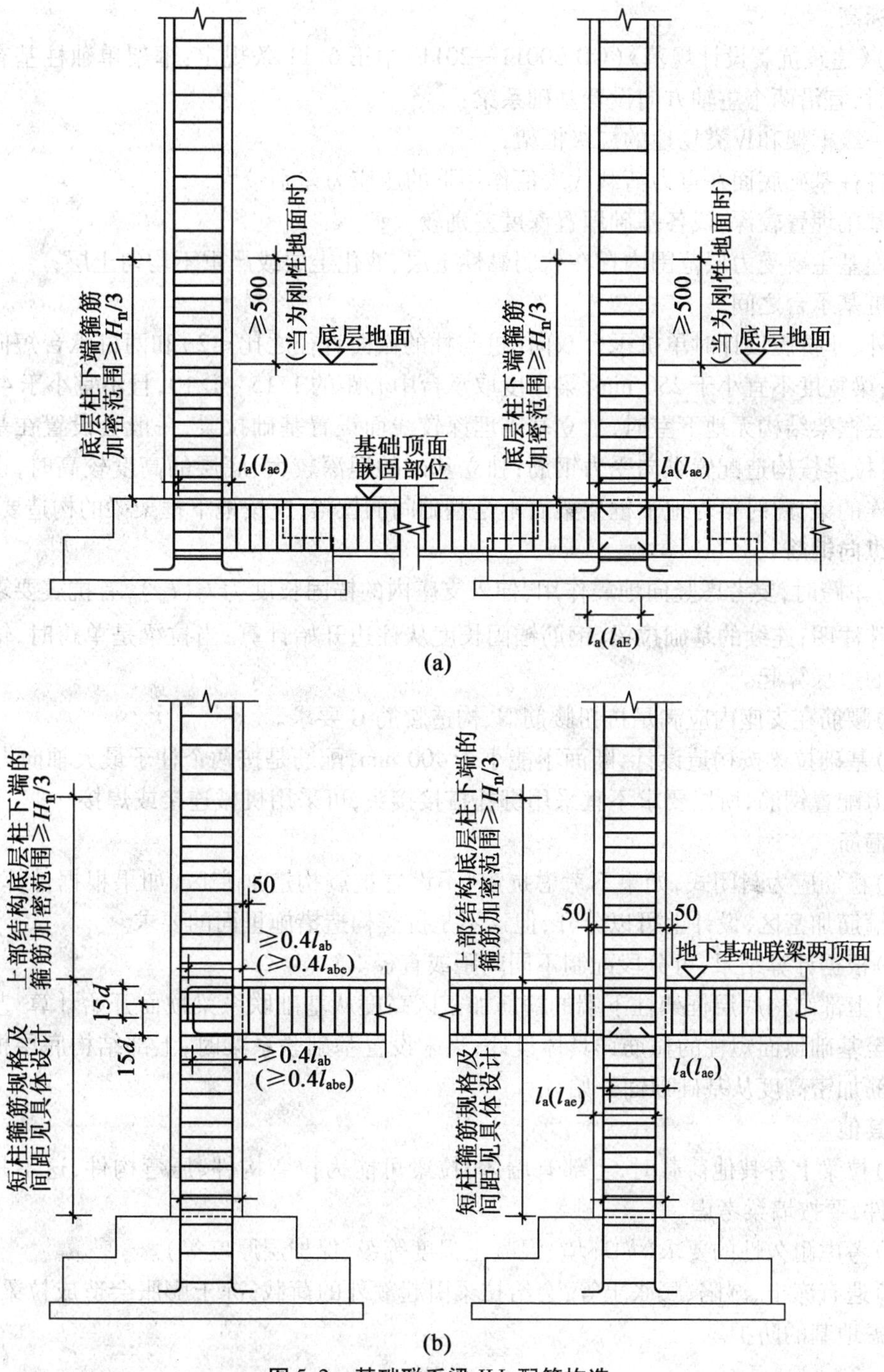

图 5.2　基础联系梁 JLL 配筋构造

1. 独立柱基础间设置拉梁的目的

(1)增加房屋基础部分的整体性,调节相邻基础间的不均匀沉降变形等原因而设置的,由于相邻基础长短跨不一样,基底压应力不一样,用拉梁调节,考虑计算的需要和构造的需要;基础梁埋置在较好的持力土层上,与基础底板一起支托上部结构,并承受地基反力作用。

(2)基础连梁拉结柱基或桩基承台基础之间的两柱,梁顶面位置宜与柱基或承台顶面位于同一标高。

(3)《建筑抗震设计规范》(GB 50011—2011)中第 6.11 条规定：框架单独柱基有下列情况之一时，宜沿两个主轴方向设置基础系梁：

①一级框架和Ⅳ类场地的二级框架；

②各柱基础底面在重力荷载代表值作用下的压应力差别较大；

③基础埋置较深，或各基础埋置深度差别较大；

④地基主要受力层范围内存在软弱黏性土层、液化土层或严重不均匀土层；

⑤桩基承台之间。

另外，非抗震设计时单桩承台双向(桩与柱的截面直径之比≤2)和两桩承台短向设置基础连梁；梁宽度不宜小于 250 mm，梁高度取承台中心距的 1/15 ~ 1/10，且不宜小于 400 mm。

多层框架结构无地下室时，独立基础埋深较浅而设置基础拉梁，一般会设置在基础的顶部，此时拉梁按构造配置纵向受力钢筋；独立基础的埋深较大、底层的高度较高时，也会设置与柱相连的梁，此时梁为地下框架梁而不是基础间的拉梁，应按地下框架梁的构造要求考虑。

2. 纵向钢筋

(1)单跨时，要考虑竖向地震作用，伸入支座内的锚固长度为 l_a(l_{ae})，有抗震要求时设计文件特殊注明；连续的基础拉梁，钢筋锚固长度从柱边开始计算；当拉梁是单跨时，锚固长度从基础的边缘算起。

(2)腰筋在支座内应满足抗扭腰筋 N、构造腰筋 G 要求。

(3)基础拉梁按构造设计，断面不能小于 400 mm，配筋是按两个柱子最大轴向力的 10% 计算拉力配置钢筋，所以要求不宜采用绑扎搭接接头，可采用机械连接或焊接。

3. 箍筋

(1)箍筋应为封闭式，如果不考虑抗震，不设置抗震构造加密区，如果根据计算，端部确实需要箍筋加密区，设计上可以分开，但这不是抗震构造措施里面的要求。

(2)根据计算结果，可分段配制不同间距或直径。

(3)上部结构底层框架柱下端的箍筋加密区高度从基础联系梁顶面开始计算，基础联系梁顶面至基础顶面短柱的箍筋详具体设计；当未设置基础联系梁时，上部结构底层框架柱下端的箍筋加密高度从基础顶面开始计算。

4. 其他

(1)拉梁上有其他荷载时，上部有墙体，拉梁可能为拉弯构件、压弯构件，这不是简单的受弯构件，要按墙梁考虑。

(2)考虑耐久性的要求(如环境、混凝土强度等级、保护层厚度等)。

(3)遇有冻土、湿陷、膨胀土等，会给拉梁引起额外的荷载，冻土膨胀会造成拉梁拱起，所以要考虑地基的防护。

5.1.5 板式筏形基础中，剪力墙开洞的下过梁如何构造

由于筏形基础基底的反力或弹性地基梁板内力分析，底板要承受反力引起的剪力、弯矩作用，要求在筏板基础底板上剪力墙洞口位置设置过梁，以承受这种反力的影响。

(1)板式筏形基础在剪力墙下洞口设置的下过梁，纵向钢筋伸过洞口后的锚固长度不小于 l_a，在锚固长度范围内也应配置箍筋(此构造同连梁的顶层构造)，如图 5.3 所示。

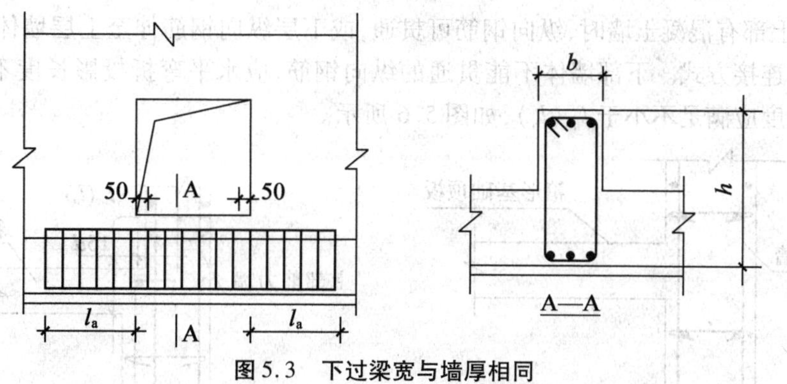

图5.3　下过梁宽与墙厚相同

(2)下过梁的宽度大于剪力墙厚度时(称为扁梁),纵向钢筋的配置在范围应在 b(墙厚)$+2h_o$(板厚)内,锚固长度均应从洞口边计,箍筋应为复合封闭箍筋,在锚固长度范围内也应配置箍筋,如图5.4所示。

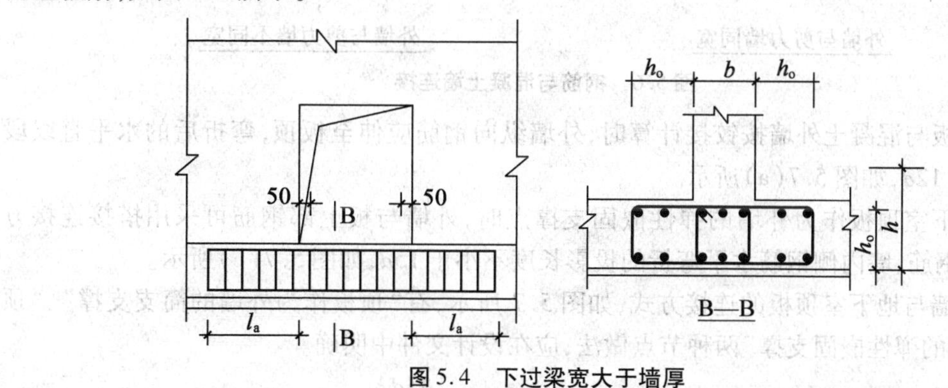

图5.4　下过梁宽大于墙厚

5.1.6　地下室外墙纵向钢筋在首层楼板如何连接

(1)当箱形基础上部无剪力墙时,纵向钢筋伸入顶板内不小于 l_{ae}(l_a),且水平段投影长度不小于15d。当筏形基础地下室顶板作为嵌固部位时,也应按此法连接,楼板钢筋做法另外详述,如图5.5所示。

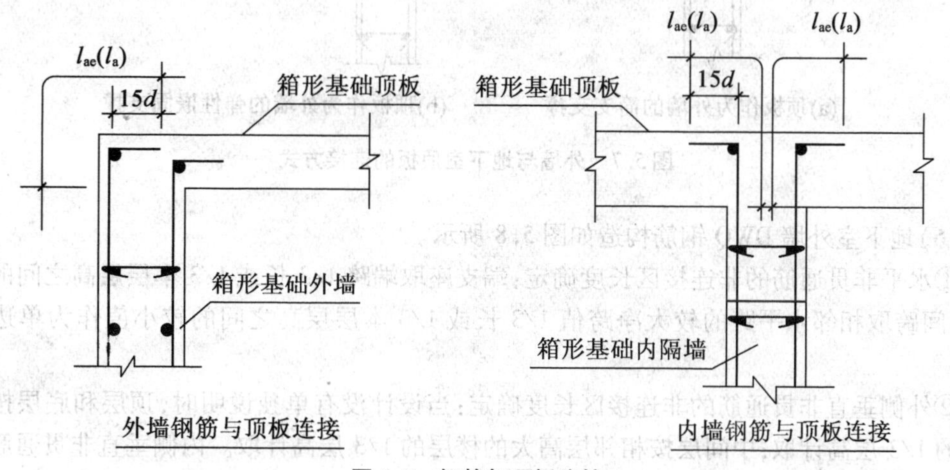

图5.5　钢筋与顶板连接

(2)当上部有混凝土墙时,纵向钢筋可贯通,或下层纵向钢筋伸至上层墙体内,按剪力墙底部加强区连接方式。下部墙体不能贯通的纵向钢筋,应水平弯折投影长度不小于 $15d$;上部插筋的长度应满足不小于 $l_{ae}(l_a)$,如图 5.6 所示。

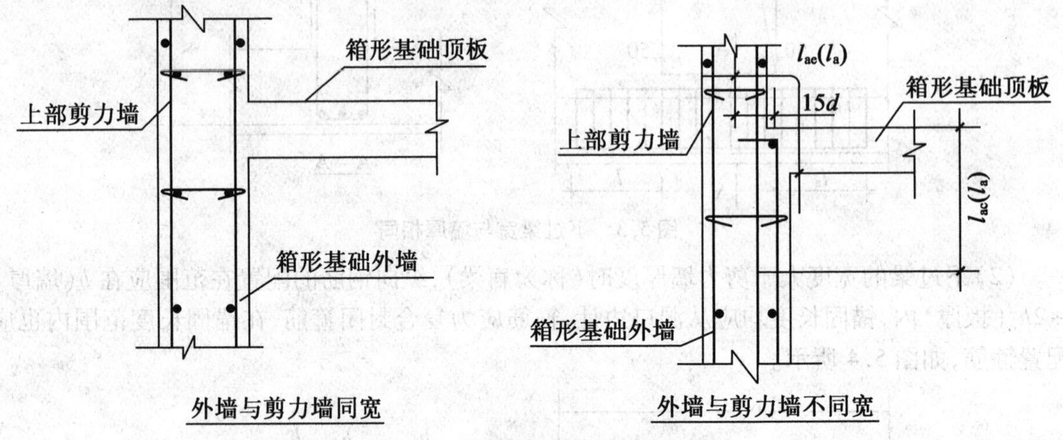

图 5.6　钢筋与混凝土墙连接

(3)顶板与混凝土外墙按铰接计算时,外墙纵向钢筋应伸至板顶,弯折后的水平直线段长度不小于 $12d$,如图 5.7(a)所示。

(4)地下室顶板作为外墙的弹性嵌固支撑点时,外墙与板上部钢筋可采用搭接连接方式,板下部钢筋、墙内侧钢筋水平弯折的投影长度不小于 $15d$,如图 5.7(b)所示。

(5)外墙与地下室顶板的连接方式,如图 5.7 所示,有"顶板作为外墙的简支支撑"、"顶板作为外墙的弹性嵌固支撑"两种节点做法,应在设计文件中明确。

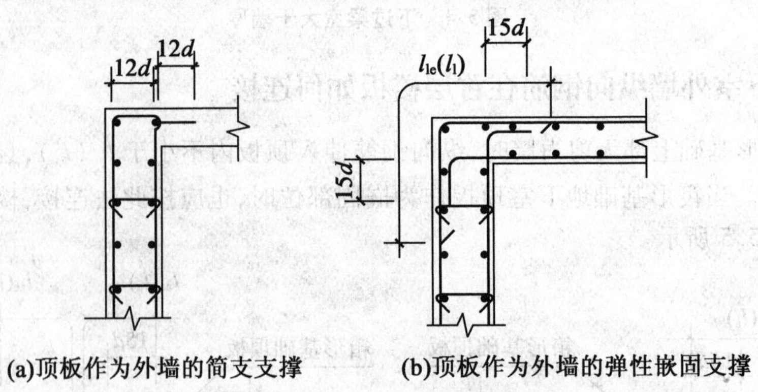

图 5.7　外墙与地下室顶板的连接方式

(6)地下室外墙 DWQ 钢筋构造如图 5.8 所示。

①水平非贯通筋的非连接区长度确定:端支座取端跨 1/3 长或 1/3 本层层高之间的较小值,中间跨取相邻水平跨的较大净跨值 1/3 长或 1/3 本层层高之间的较小值作为单边计算长。

②外侧垂直非贯通筋的非连接区长度确定:当设计没有单独说明时,顶层和底层按各自楼层的 1/3 层高计取;中间层按相邻层高大的楼层的 1/3 层高计取。内侧垂直非贯通筋的连接区位置确定:在基础或楼板的上下 1/4 层高处,地下室顶板处不考虑。

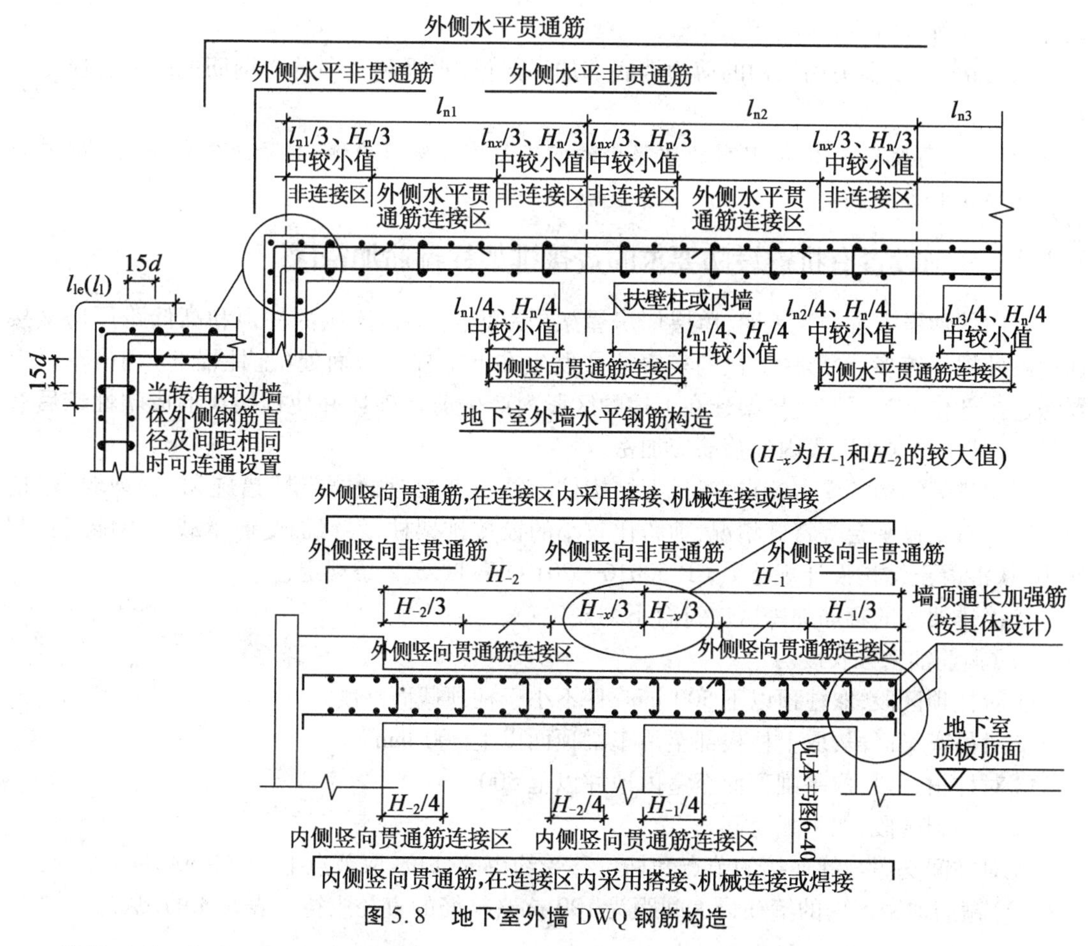

图5.8　地下室外墙DWQ钢筋构造

③扶壁柱、内墙是否作为地下室外墙的平面外支撑应由设计人员根据工程具体情况确定,并在设计文件中明确;当扶壁柱、内墙不作为地下室外墙的平面外支撑时,水平贯通筋的连接区域不受限制。

④地下室外墙竖向钢筋的插筋,作为箱形墙体的内柱,除柱四角纵筋直通到基底外,其余纵筋伸入顶板底面下$40d$;外柱与上部剪力墙相连的柱及其他内柱的纵筋应直通到基底。

5.2　混凝土结构

5.2.1　如何配置剪力墙的水平和竖向分布钢筋

配筋率为0~0.075%的墙,斜裂缝出现,很快发生剪切破坏;配筋率为0.1~0.28%的墙,斜裂缝出现后不会立即发生剪切破坏。所以,按不同的结构体系和不同的抗震等级规定了水平和竖向分布钢筋最小配筋率的限值。《混凝土结构设计规范》(GB 50010—2010)第11.7.14条规定:

剪力墙的水平和竖向分布钢筋的配筋应符合下列规定:

(1)一、二、三级抗震等级的剪力墙的水平和竖向分布钢筋配筋率均不应小于0.25%;四级抗震等级剪力墙不应小于0.2%。

(2)部分框支剪力墙结构的剪力墙底部加强部位,水平和竖向分布钢筋配筋率不应小于0.3%。

注意:对高度小于24 m且剪压比很小的四级抗震等级剪力墙,其竖向分布筋最小配筋率应允许按0.15%采用。

5.2.2 如何设置有抗震设防要求的铰接排架柱箍筋加密区

国内的地震震害调整表明,单层厂房屋架(屋面梁)与柱连接的柱顶和高低跨厂房交接柱肩梁处损坏较多,阶形柱上柱的震害往往发生在上下柱变截面处(上柱根部)和吊车梁上翼缘连接部位。为了避免排架柱在上述的区段内产生剪切破坏并使排架在形成塑性铰后有足够的延性,在这些区段内的箍筋应加密。

根据排架结构的受力特点,对排架结构柱不需要考虑“强柱弱梁”措施和“强剪弱弯”措施。对设有工作平台等特殊情况,剪跨比较小的铰接排架柱,斜截面受剪承载力可能起控制作用。《混凝土结构设计规范》(GB 50010—2010)第11.5.2条规定:

铰接排架柱的箍筋加密区应符合下列规定:

(1)箍筋加密区长度。

①对柱顶区段,取柱顶以下500 mm,且不小于柱顶截面高度。

②对吊车梁区段,取上柱根部至吊车梁顶面以上300 mm。

③对柱根区段,取基础顶面至室内地坪以上500 mm。

④对牛腿区段,取牛腿全高。

⑤对柱间支撑与柱连接的节点和柱位移受约束的部位,取节点上、下各300 mm。

(2)箍筋加密区内的箍筋最大间距为100 mm;箍筋的直径应符合表5.3的规定。

表5.3 铰接排架柱箍筋加密区的箍筋最小直径 单位:mm

<table>
<tr><th rowspan="3">加密区区段</th><th colspan="6">抗震等级和场地类别</th></tr>
<tr><th>一级</th><th>二级</th><th>二级</th><th>三级</th><th>三级</th><th>四级</th></tr>
<tr><th>各类场地</th><th>Ⅲ、Ⅳ类场地</th><th>Ⅰ、Ⅱ类场地</th><th>Ⅲ、Ⅳ类场地</th><th>Ⅰ、Ⅱ类场地</th><th>各类场地</th></tr>
<tr><td>一般柱顶、柱根区段</td><td colspan="2">8(10)</td><td colspan="2">8</td><td colspan="2">6</td></tr>
<tr><td>角柱柱顶</td><td colspan="2">10</td><td colspan="2">10</td><td colspan="2">8</td></tr>
<tr><td>吊车梁、牛腿区段有支撑的柱根区段</td><td colspan="2">10</td><td colspan="2">8</td><td colspan="2">8</td></tr>
<tr><td>有支撑的柱顶区段柱变位受约束的部位</td><td colspan="2">10</td><td colspan="2">10</td><td colspan="2">8</td></tr>
</table>

注:表中括号内数值用于柱根。

5.2.3　框支柱的概叙、框支柱、转换柱的构造

由于复杂高层建筑结构体系的设计，出现竖向体型收进、悬挑结构和多见的塔楼与裙房结构，为保证上部结构的地震作用可靠的传力到下部结构，在高层建筑结构的底部，当上部楼层部分竖向构件（剪力墙、框架柱）不能直接连续贯通落地时，应设置结构转换层，在结构转换层布置转换结构构件，这样的结构体系属于竖向抗侧力构件不连续体系。部分不能落地的剪力墙和框架柱，需要在转换层的梁上生根，这样的梁称作框支梁（KZL），而支撑框支梁的柱称为框支柱（KZZ）。

转换结构构件可采用梁、桁架、空腹桁架、箱形结构、斜撑、板等，转换梁、转换柱起传递力作用，转换层上部的竖向抗侧力构件（墙、柱、抗震支撑等）宜直接落在转换层的主结构上；非抗震设计和 6 度抗震设计时转换构件可采用厚板，7、8 度抗震设计的地下室的转换构件可采用厚板。框支层的截面尺寸会比普通的框架柱要大，其构造措施相对更为严格，由于在水平荷载作用下，转换层上下结构的侧向刚度对构件的内力影响比较大，会导致构件中的内力突变，所以框支柱和落地剪力墙底部加强区的抗震等级，应比主体结构提高一级抗震措施，在施工图设计文件会有特殊的说明，并对箍筋及加密区的要求都有强制性规定。

如果一个结构单元的转换层以上为剪力墙，转换层以下为框架，那么转换层以下的楼层为框支层。若地下室顶板作为上部结构的嵌固部位，不能采用无梁楼盖的结构形式，而应采用现浇梁板结构，且其板厚不宜小于 180 mm，则位于地下室内的框支层，不计入规范允许的框支层数之内。

（1）转换柱纵向钢筋间距不应小于 80 mm，且不宜大于 200 mm（抗震）、250 mm（非抗震）。

（2）转换柱的箍筋应全高加密，间距不应大于 100 mm 和 6 倍纵向钢筋较小值。

（3）有抗震设防要求时，框支柱、转换柱宜采用复合螺旋箍筋（多用于圆形箍筋）或井字复合箍（采用外箍加拉筋），其体积配箍率不应小于 1.2%，9 度时不应小于 1.5%，梁柱节点核心区的体积配箍率不应小于上下柱端的较大值（体积配筋率计算时，可以计入在节点有效宽度范围内梁的纵向钢筋）；箍筋直径不应小于 10 mm，箍筋间距不应大于 100 mm 和 6 倍纵向钢筋直径的较小值，并应沿柱全高加密。

无抗震设防要求时，箍筋应采用复合螺旋箍筋或井字复合箍，箍筋直径不应小于 10 mm，箍筋间距不应大于 150 mm。

井字复合箍采用“外箍加拉筋”，对抗震中抗扭、抗剪比一般箍筋（大箍套小箍，小箍对大箍是不产生约束）要好得多，其构造形式是紧靠纵向钢筋，拉住外箍，将外箍、拉筋和柱纵向钢筋三者有用同一组加长绑丝紧密地绑扎在一起，拉筋拉住外箍减少了外箍的无支长度，限制了外箍的横向变形从而约束了柱的各纵向钢筋的侧向变形，提高了框架柱的抗破坏能力和承载能力。

（4）节点区水平箍筋及拉筋，应将每根柱纵向钢筋拉住，拉筋也应拉住箍筋。

（5）框支柱部分纵向钢筋应延伸至上一层剪力墙顶板，原则为能通则通，（上层无墙）不能延伸的钢筋应水平弯锚在框支梁或楼板内不小于 l_{ae}（l_a），自框支柱边缘算起，弯折前的竖直投影长度不应小于 $0.5l_{abe}$（$0.5l_{ab}$）且伸到柱顶，如图 5.9 所示。

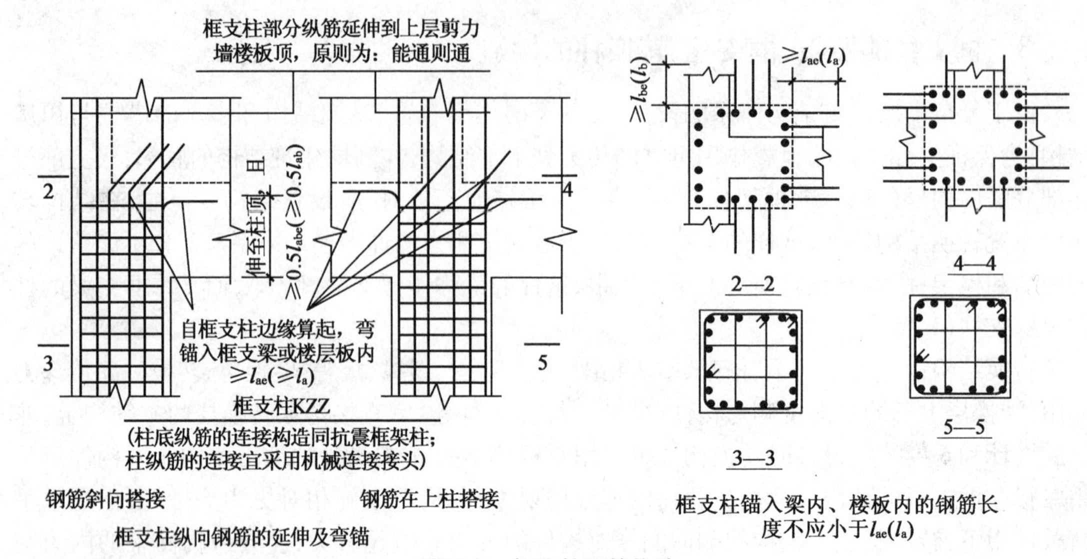

图 5.9 框支柱配筋构造

(6)柱底纵筋的连接构造同抗震框架柱，框支柱的纵向钢筋宜采用机械连接接头，同一截面内接头钢筋截面面积不应超过全部纵筋截面面积的 50%，接头位置应避开上部墙体开洞部位、梁上托柱部位及受力较大部位。

5.2.4 框支柱箍筋和拉结钢筋的弯钩的规定

(1)有抗震设防要求的框架柱的箍筋应是封闭箍筋；箍筋的弯钩应为 135°并保证有足够的直线段；弯钩的直线段应为箍筋直径 10 倍和 75 mm 中最大值；当无抗震设防的要求时，柱中的周边箍筋应做成封闭式，弯钩直线段长度不小于 5d。

(2)拉结钢筋的弯钩和直线段同箍筋；拉结钢筋应紧靠柱纵向受力钢筋并勾住封闭箍筋；在柱截面中心可以用拉结钢筋代替部分箍筋。

(3)圆柱中的非螺旋箍筋的弯钩搭接长度应≥l_{ae}且≥300 mm，有抗震设防要求的直线段为箍筋直径的 10 倍，无抗震设防要求的直线段为箍筋直径的 5 倍，弯钩应勾住柱纵向受力钢筋。

(4)箍筋弯钩内半径。

①HPB300 级钢筋末端不需做 180°弯钩，弯弧内直径不应小于 2.5d。

②HRB335、HRB400 级钢筋末端作 135°时，弯弧内直径不应小于 4d。

③钢筋弯折不大于 90°时，弯弧内直径不应小于 5d。

(5)钢筋的调直宜采用机械调直；当采用冷拉调直时：

光圆 HPB300 级钢筋冷拉率不宜大于 4%。

带肋 HRB335、HRB400 级钢筋冷拉率不宜大于 1%。

(6)计算复合箍筋体积配筋率时，不要求扣除重复部分的箍筋体积，采用复合螺旋箍筋时，非螺旋箍筋体积配筋率应乘 0.8 换算系数。

(7)柱纵向钢筋配筋率超过 3%，箍筋直径不应小于 8 mm，间距不应大于纵向受力钢筋最小直径的 10 倍，且不应大于 200 mm；不要求必须采用焊接封闭箍筋，末端做 135°封闭箍筋且弯钩直线段不小于 10d；如果焊成封闭环式，应避免施工现场焊接而伤及受力钢筋，宜采用闪光接触对焊等可靠的焊接方法，确保焊接质量。

(8)柱中宜留出 300 mm 见方的空间,便于混凝土导管插入浇筑混凝土。

5.2.5　框架梁柱混凝土强度等级不同时,节点混凝土如何浇筑

框架梁柱混凝土强度等级不同时,节点核心区混凝土如何浇筑如图 5.10 所示,特别是在有抗震设防要求时,节点核心区混凝土时易出现剪切破坏,采用哪一种构件的混凝土浇筑,规范中没有明确的规定,这些构造做法是需要施工经验的积累,而在结构力学计算时是要忽略的因素,这就需要通过相应的构造措施来弥补。

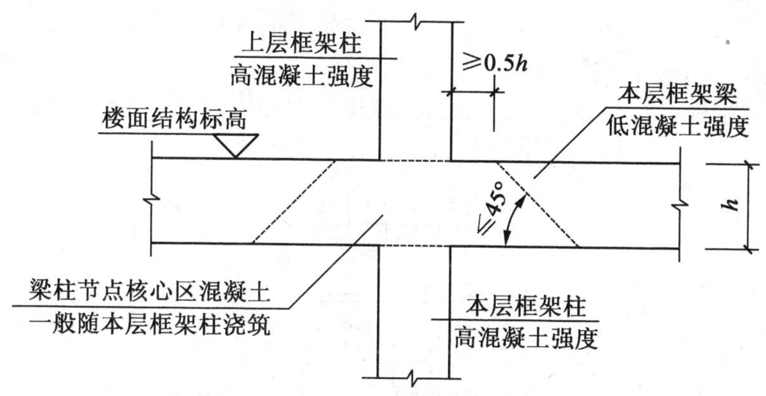

图 5.10　节点核心区与梁混凝土强度不同

常用的施工方法:框架梁与框架柱混凝土强度等级相差较小时,节点核心区混凝土一般随本层框架柱浇筑,先浇筑框架柱混凝土到框架梁底部标高,然后同时浇筑框架梁、次梁和楼板的混凝土;框架梁与框架柱混凝土强度等级相差较大时,如果采用混凝土强度等级低的构件的混凝土浇筑,节点核心区混凝土有可能抗剪强度不足出现斜截面破坏,一般以混凝土等级相差 5 MPa 为一级,来处理节点核心区混凝土的浇筑问题。

我们知道钢筋混凝土材料,不是纯的弹性材料;砌体结构加构造柱,也不是纯的塑性材料,它们都属于弹塑性材料。这在计算上是必须忽略的因素,否则结构计算进行不下去。当不满足上述要求时,节点核心区的混凝土浇筑,要采用下列构造措施来弥补:

(1)柱混凝土高于梁、板一级,或者不超过二级,但节点四周有框架梁时,可按框架梁、板的混凝土强度等级同时浇筑。

(2)柱、梁、板混凝土强度等级相差不超过二级,柱四周并没有设置框架梁时,需经设计人员验算节点强度,才可以与梁同时浇筑混凝土。

(3)当不满足上述要求时,节点核心区混凝土宜按框架柱强度等级单独浇筑,在框架柱混凝土初凝前浇筑框架梁、板的混凝土,并加强混凝土的振捣和养护。

(4)因施工进度或为施工方便,梁柱节点核心区混凝土同时浇筑时,应同结构设计工程师协商,加大梁柱结合部位的截面面积(增加水平加腋)并配置附加钢筋,解决梁对节点核心区的约束。

5.2.6　框架柱、框支柱中设置核心柱有何意义,纵向钢筋如何锚固,箍筋有何特殊的要求

试验研究和工程经验证明,在柱内设置矩形核心柱,具有良好的延性和耗能能力,不但可

以提高柱的受压承载力，而且还可以提高柱的变形能力，在压、弯、剪共同作用下，当柱出现弯、剪裂缝时，在大变形情况下核心柱可以有效地减小柱的压缩，保持柱的外形和截面承载能力，特别对承受高轴压比的短柱，改善柱的抗震性能，更有利于提高变形能力，延缓倒塌。

(1)一般在短柱和超短柱中设置核心柱：

①柱的净高与柱长边之比≤4 为短柱。

②柱的净高与柱长边之比≤2 为超短柱。

(2)核心柱设置在框架柱的截面中心部位，应有足够的尺寸，截面尺寸不宜小于柱边长的1/3(圆柱为 $D/3$)，且不小于250 mm，且保证框架梁的纵向受力钢筋通过；核心柱的纵向钢筋应分别锚入上、下层柱内，其连接和锚固与框架柱的要求相同；核心柱的箍筋根据施工图要求，应单独设置，构造要求与框架柱相同，并在设计文件中注明。如图5.11所示。

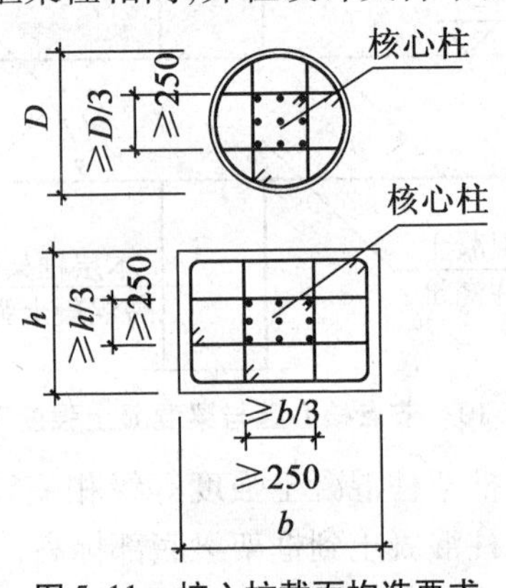

图5.11 核心柱截面构造要求

5.2.7 底部加强区部位是如何确定的，剪力墙、暗柱底部加强区箍筋加密是如何规定的

依据《混凝土结构设计规范》(GB 50010—2010)、《建筑抗震设计规范》(GB 50011—2010)、《高层建筑混凝土结构技术规程》(JGJ 3—2010)的规定，底部加强区部位发生变化，取剪力墙高度的1/10。

《建筑抗震设计规范》(GB 50011—2010)第6.1.10条：抗震墙底部加强部位的范围，应符合下列规定：

(1)底部加强部化的高度，应从地下室顶板算起。

(2)部分框支抗震墙结构的抗震墙，其底部加强部位的高度，可取框支层加框支层以上两层的高度及落地抗震墙总高度的1/10二者的较大值。其他结构的抗震墙，房屋高度大于24 m时，底部加强部位的高度可取底部两层和墙体总高度的1/10二者的较大值；房屋高度不大于24 m时，底部加强部位可取底部一层。

(3)当结构计算嵌固端位于地下一层的底板或以下时，底部加强部位尚宜向下延伸到计算嵌固端。

5.2.8 剪力墙竖向分布钢筋在楼面处是如何连接的

(1)剪力墙抗震等级为一、二级时，底部加强区部位采用搭接连接，应错开搭接；采用

HPB300 钢筋端部加 180°钩，如图 5.12(a)所示。

(2)剪力墙抗震等级为一、二级的非底部加强区部位或三、四级、非抗震时，采用搭接连接，可在同一部位搭接(齐头)，采用 HPB300 钢筋端部加 180°钩，如图 5.12(b)所示。

(3)各级抗震等级或非抗震，当采用机械连接时，连接点应在结构面 500 mm 高度以上，相邻钢筋应交错连接，错开净距不小于 35d，如图 5.12(c)所示。

(4)各级抗震等级或非抗震，当采用焊接连接时，连接点应任结构面 500 mm 高度以上，相邻钢筋应交错连接，错开净距不小于 35d 且不小于 500 mm，如图 5.12(d)所示。

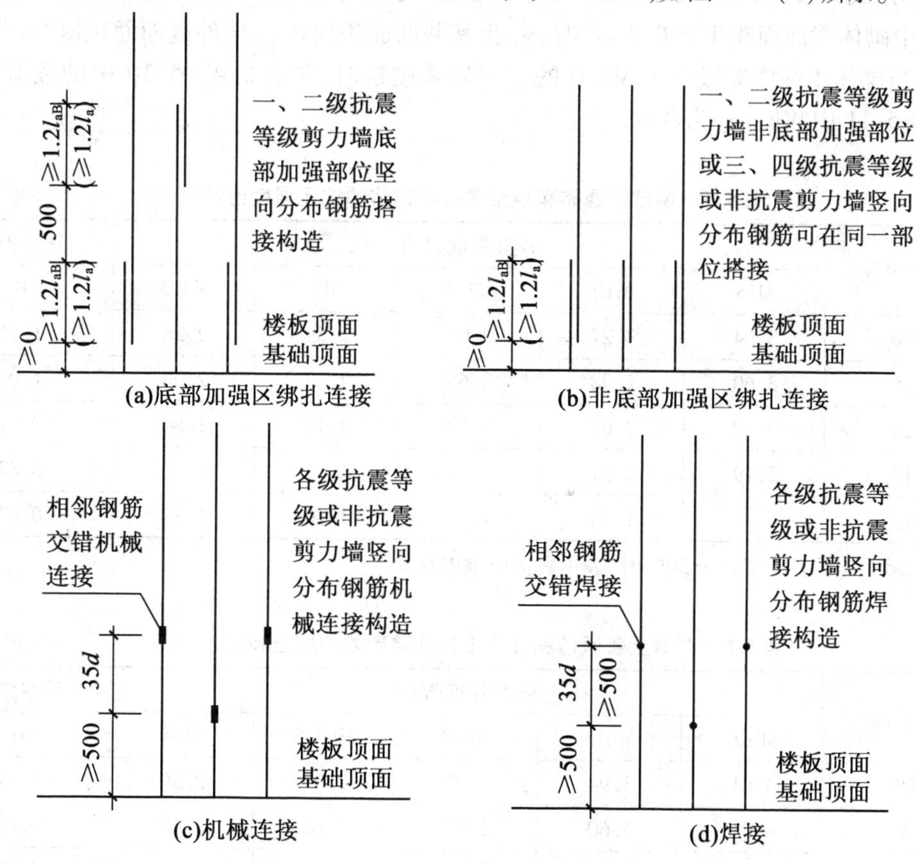

图 5.12　剪力墙身竖向分布钢筋连接构造

(5)在剪力墙的底部加强区与非加强区的交接部位，遇到楼层上、下层的交接部位出现钢筋的直径或间距不同时，应本着“能通则通”的原则。

竖向分布钢筋的间距相同而上层直径小于下层直径时，可根据抗震等级和连接方式在楼板以上处连接，搭接长度按上部竖向分布钢筋直径计算；竖向分布钢筋的间距不相同而直径相同时，上层竖向分布钢筋应在下层剪力墙中锚固，其锚固长度不小于 1.2l_{ae}(1.2l_a)，下层竖向分布钢筋在楼板上部处水平弯折，弯折后的水平段长度为 15d(投影长度)。

5.3　砌体结构

5.3.1　砌体的强度设计值在哪些情况下应乘以调整系数 γ_a

下列情况的各类砌体,其砌体强度设计值应乘以调整系数 γ_a:

(1)对无筋砌体构件,其截面面积小于0.3 m^2 时,γ_a 为其截面面积加0.7;对配筋砌体构件,当其中砌体截面面积小于0.2 m^2 时,γ_a 为其截面面积加0.8;构件截面面积以"m^2"计;

(2)当砌体用强度等级小于M5.0的水泥砂浆砌筑时,对表5.4~5.10中的数值,γ_a 为0.9;对表5.11中数值,γ_a 为0.8。

表5.4　烧结普通砖和烧结多孔砖砌体的抗压强度设计值　单位:MPa

砖强度等级	砂浆强度等级					砂浆强度
	M15	M10	M7.5	M5	M2.5	0
MU30	3.94	3.27	2.93	2.59	2.26	1.15
MU25	3.60	2.98	2.68	2.37	2.06	1.05
MU20	3.22	2.67	2.39	2.12	1.84	0.94
MU15	2.79	2.31	2.07	1.83	1.60	0.82
MU15	—	1.89	1.69	1.50	1.30	0.67

注:当烧结多孔砖的孔洞率大于30%时,表中数值应乘以0.9。

表5.5　混凝土普通砖和混凝土多孔砖砌体的抗压强度设计值　单位:MPa

砖强度等级	砂浆强度等级					砂浆强度
	Mb20	Mb15	Mb10	Mb7.5	Mb5	0
MU30	4.61	3.94	3.27	2.93	2.59	1.15
MU25	4.21	3.60	2.98	2.68	2.37	1.05
MU20	3.77	3.22	2.67	2.39	2.12	0.94
MU15	—	2.79	2.31	2.07	1.83	0.82

表5.6　蒸压灰砂普通砖和蒸压粉煤灰普通砖砌体的抗压强度设计值　单位:MPa

砖强度等级	砂浆强度等级				砂浆强度
	M15	M10	M7.5	M5	0
MU25	3.60	2.98	2.68	2.37	1.05
MU20	3.22	2.67	2.39	2.12	0.94
MU15	2.79	2.31	2.07	1.83	0.82

注:当采用专用砂浆砌筑时,其抗压强度设计值按表中数值采用。

表 5.7　单排孔混凝土砌块和轻集料混凝土砌块对孔砌筑砌体的抗压强度设计值　单位:MPa

砖强度等级	砂浆强度等级					砂浆强度
	Mb20	Mb15	Mb10	Mb7.5	Mb5	0
MU20	6.30	5.68	4.95	4.44	3.94	2.33
MU15	—	4.61	4.02	3.61	3.20	1.89
MU10	—	—	2.79	2.50	2.22	1.31
MU7.5	—	—	—	1.93	1.71	1.01
MU5	—	—	—	—	1.19	0.70

注:1. 对独立柱或厚度为双排组砌的砌块砌体,应按表中数值乘以 0.7;

2. 对 T 形截面墙体、柱,应按表中数值乘以 0.85。

表 5.8　双排孔或多排孔轻集料混凝土砌块砌体的抗压强度设计值　单位:MPa

砖强度等级	砂浆强度等级			砂浆强度
	Mb10	Mb7.5	Mb5	0
MU10	3.08	2.76	2.45	1.44
MU7.5	—	2.13	1.88	1.12
MU5	—	—	1.31	0.78
MU3.5	—	—	0.95	0.56

注:1. 表中的砌块为火山渣、浮石和陶粒轻集料混凝土砌块;

2. 对厚度方向为双排组砌的轻集料混凝土砌块砌体的抗压强度设计值,应按表中数值乘以 0.8。

表 5.9　毛料石砌体的抗压强度设计值　单位:MPa

砖强度等级	砂浆强度等级			砂浆强度
	Mb7.5	Mb5	M2.5	0
MU100	5.42	4.80	4.18	2.13
MU80	4.85	4.29	3.73	1.91
MU60	4.20	3.71	3.23	1.65
MU50	3.83	3.39	2.95	1.51
MU40	3.43	3.04	2.64	1.35
MU30	2.97	2.63	2.29	1.17
MU20	2.42	2.15	1.87	0.95

注:对细料石砌体、粗料石砌体和干砌勾缝石砌体,表中数值应分别乘以调整系数 1.4、1.2 和 0.8。

表 5.10　毛料石砌体的抗压强度设计值　　单位:MPa

砖强度等级	砂浆强度等级			砂浆强度
	M7.5	M5	M2.5	0
MU100	1.27	1.12	0.98	0.34
MU80	1.13	1.00	0.87	0.30
MU60	0.98	0.87	0.76	0.26
MU50	0.90	0.80	0.69	0.23
MU40	0.80	0.71	0.62	0.21
MU30	0.69	0.61	0.53	0.18
MU20	0.56	0.51	0.44	0.15

表 5.11　沿砌体灰缝截面破坏时砌体的轴心抗拉强度设计值、弯曲抗拉强度设计值和抗剪强度设计值　单位:MPa

强度类别	破坏特征及砌体种类		砂浆强度等级			
			≥M10	M7.5	M5	M2.5
轴心抗位	沿齿缝	烧结普通砖、烧结多孔砖	0.19	0.16	0.13	0.09
		混凝土普通砖、混凝土多孔砖	0.19	0.16	0.13	—
		蒸压灰砂普通砖、蒸压粉煤灰普通砖	0.12	0.10	0.08	—
		混凝土和土轻集料混凝土砌块	0.09	0.08	0.07	—
		毛石	—	0.07	0.06	0.04
弯曲抗拉	沿齿缝	烧结普通砖、烧结多孔砖	0.33	0.29	0.23	0.17
		混凝土普通砖、混凝土多孔砖	0.33	0.29	0.23	—
		蒸压灰砂普通砖、蒸压粉煤灰普通砖	0.24	0.20	0.16	—
		混凝土和轻集料混凝土砌块	0.11	0.09	0.08	—
		毛石	—	0.11	0.09	0.07
	沿通缝	烧结普通砖、烧结多孔砖	0.17	0.14	0.11	0.08
		漫凝土普通砖、混凝土多孔砖	0.17	0.14	0.11	—
		蒸压灰砂普通砖、蒸压粉煤灰普通砖	0.12	0.10	0.08	—
		混凝土和轻集料混凝土砌块	0.08	0.06	0.05	—
抗剪	烧结普通砖、烧结多孔砖		0.17	0.14	0.11	0.08
	混凝土普通砖、混凝土多孔砖		0.17	0.14	0.11	—
	蒸压灰砂普通砖、蒸压粉煤灰普通砖		0.12	0.10	0.08	—
	混凝土和轻集料混凝土砌块		0.09	0.08	0.06	—
	毛石		—	0.19	0.16	0.11

注:1 砖于用形状规则的块体磁筑的砌体,当搭接长度与块体高度的比值小于时,其轴心抗拉强度设计值 f_t 和弯曲抗拉强度设计值 f_{tm},应按表中数值承以搭接长度与块体高度比值后采用;

2 表中数值是依据普通砂浆砌筑的砌体确定,采用经研究性试验晟通过技术鉴定的专用砂浆砌筑的蒸压灰砂普通砖、蒸压粉煤灰普通砖砌体，其抗剪强度设计值按相应普通砂浆强度等级砌筑的烧结普通砖砌体采用；

3 对混凝土普通砖、混凝土多孔砖、混凝土和轻集料混凝土砌块砌体，表中的砂浆强度等级分别为：≥Mb10、Mb7.5 及 Mb5。

(3)当验算施工中房屋的构件时，γ_a 为1.1。

5.3.2　砌体结构的安全等级和设计使用年限如何确定

(1)根据建筑结构破坏可能产生的后果(危及人的生命、造成经济损失、产生社会影响等)的严重性，建筑结构应按表5.12划分为三个安全等级，设计时应根据具体情况适当选用。

表5.12　建筑结构的安全等级

安全等级	破坏后果	建筑物类型
一级	很严重	重要的房屋
二级	严重	一般的房屋
三级	不严重	次要的房屋

(2)《建筑结构可靠度设计统一标准》(GB 50068—2001)第1.0.5条规定：结构的设计使用年限应按表5.13采用。

表5.13　设计使用年限分类

类别	设计使用年限/年	示例
1	5	临时性结构
2	25	易于替换的结构构件
3	50	普通房屋和构筑物
4	100	纪念性建筑和特别重要的建筑结构

(3)《建筑结构可靠度设计统一标准》(GB 50068—2001)第1.0.7条规定：结构在规定的设计使用年限内应满足下列功能要求：

①在正常施工和正常使用时，能承受可能出现的各种作用。

②在正常使用时具有良好的工作性能。

③在正常维护下具有足够的耐久性能。

④在设计规定的偶然事件发生时及发生后，仍能保持必需的整体稳定性。

在建筑结构必须满足的四项功能中，第①、④两项是结构安全性的要求，第②项是结构适用性的要求，第③项是结构耐久性的要求，三者可概括为结构可靠性的要求。

5.3.3　梁端支撑处砌体的局部受压承载力如何进行计算

(1)梁端支承处砌体的局部受压承载力，应按下列公式计算：

$$\psi N_0 + N_l \leqslant \eta\gamma f A_l \tag{5.1}$$

$$\psi = 1.5 - 0.5\frac{A_0}{A_l} \tag{5.2}$$

$$N_0 = \sigma_0 A_l \tag{5.3}$$

$$A_l = a_0 b \tag{5.4}$$

$$a_0 = 10\sqrt{\frac{h_c}{f}} \tag{5.5}$$

式中 ψ——上部荷载的折减系数，当 A_0/A_l 大于或等于 3 时，应取 ψ 等于 0；

N_0——局部受压面积内上部轴向力设计值(N)；

N_l——梁端支撑压力设计值(N)；

σ_0——上部平均压应力设计值(N/mm^2)；

η——梁端底面压应力图形的完整系数，应取 0.7，对于过梁和墙梁应取 1.0；

a_0——梁端有效支撑长度(mm)；当 a_0 大于 a 时，应取 a_0 等于 a，a 为梁端实际支撑长度(mm)；

b——梁的截面宽度(mm)；

h_c——梁的截面高度(mm)；

f——砌体的抗压强度设计值(MPa)。

(2)砌体局部抗压强度提高系数 γ，应符合下列规定：

①γ 可按下式计算：

$$\gamma = 1 + 0.35\sqrt{\frac{A_0}{A_l} - 1} \tag{5.6}$$

式中 A_0——影响砌体局部抗压强度的计算面积。

②计算所得 γ 值，尚应符合下列规定：

a. 在图 5.13(a)的情况下，$\gamma \leqslant 2.5$；

b. 在图 5.13(b)的情况下，$\gamma \leqslant 2.0$；

c. 在图 5.13(c)的情况下，$\gamma \leqslant 1.5$；

d. 在图 5.13(d)的情况下，$\gamma \leqslant 1.25$；

e. 按《砌体结构设计规范》(GB 50003—2011)第 6.2.13 条的要求灌孔的混凝土砌块砌体，在①、②款的情况下，尚应符合 $\gamma \leqslant 1.5$。未灌孔混凝土砌块砌体，$\gamma = 1.0$；

f. 对多孔砖砌体孔洞难以灌实时，应按 $\gamma = 1.0$ 取用；当设置混凝土垫块时，按垫块下的砌体局部受压计算。

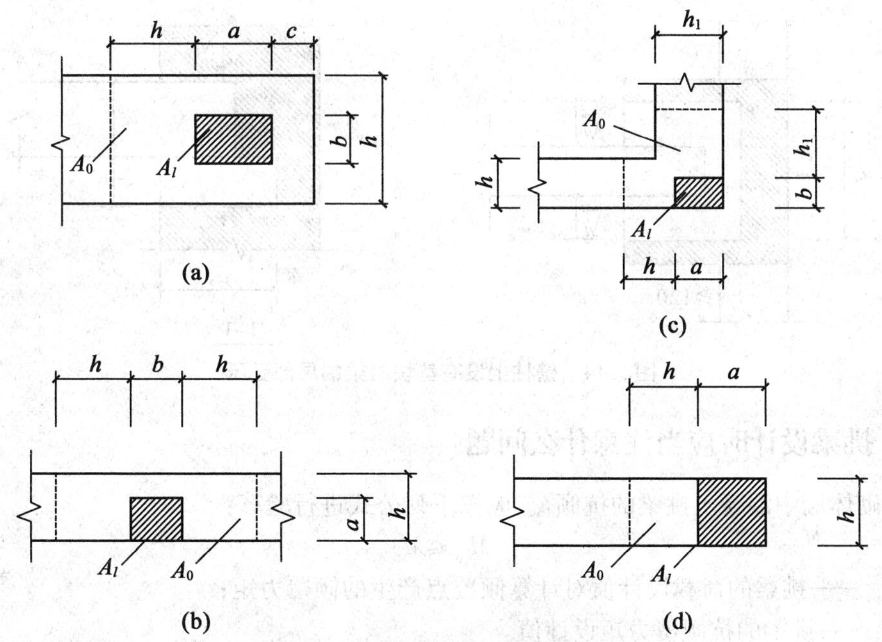

图5.13 影响局部抗压强度的面积 A_0

(3)在梁端设有刚性垫块时的砌体局部受压,应符合下列规定:

①刚性垫块下的砌体局部受压承载力,应按下列公式计算:

$$N_0 + N_l \leqslant \varphi \gamma_1 f A_b \tag{5.7}$$

$$N_0 = \sigma_0 A_b \tag{5.8}$$

$$A_b = a_b b_b \tag{5.9}$$

式中 N_0——垫块面积 A_b 内上部轴向力设计值(N);

φ——垫块上 N_0 与 N_l 合力的影响系数,应取 β 小于或等于3,按《砌体结构设计规范》(GB 50003—2011)第5.1.1条规定取值;

γ_1——垫块外砌体面积的有利影响系数,γ_1 应为 0.8γ,但不小于1.0。γ 为砌体局部抗压强度提高系数,按公式(5.6)以 A_b 代替 A_l 计算得出;

A_b——垫块面积(mm^2);

a_b——垫块伸入墙内的长度(mm);

b_b——垫块的宽度(mm)。

②刚性垫块的构造,应符合下列规定:

a. 刚性垫块的高度不应小于180 mm,自梁边算起的垫块挑出长度不应大于垫块高度 t_b;

b. 在带壁柱墙的壁柱内设刚性垫块时(图5.14),其计算面积应取壁柱范围内的面积,而不应计算翼缘部分,同时壁柱上垫块伸入翼墙内的长度不应小于120 mm;

c. 当现浇垫块与梁端整体浇筑时,垫块可在梁高范围内设置。

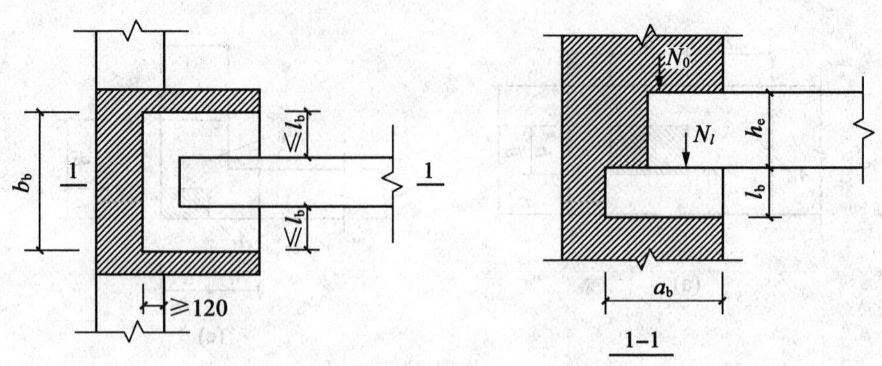

图 5.14　壁柱上设有垫块时梁端局部受压

5.3.4　挑梁设计时应当注意什么问题

(1)砌体墙中混凝土挑梁的抗倾覆,应按下列公式进行验算:

$$M_{ov} \leqslant M_r \tag{5.10}$$

式中　M_{ov}——挑梁的荷载设计值对计算倾覆点产生的倾覆力矩;

M_r——挑梁的抗倾覆力矩设计值。

(2)挑梁计算倾覆点至墙外边缘的距离可按下列规定采用:

①当 l_1 不小于 $2.2h_b$ 时(l_1 为挑梁埋入砌体墙中的长度,h_b 为挑梁的截面高度),梁计算倾覆点到墙外边缘的距离可按式(5.11)计算,且其结果不应大于 $0.13l_1$。

$$x_0 = 0.3h_b \tag{5.11}$$

式中　x_0——计算倾覆点至墙外边缘的距离(mm);

②当 l_1 小于 $2.2h_b$ 时,梁计算倾覆点到墙外边缘的距离可按下式计算:

$$x_0 = 0.13l_1 \tag{5.12}$$

③当挑梁下有混凝土构造柱或垫梁时,计算倾覆点到墙外边缘的距离可取 $0.5x_0$。

(3)挑梁的抗倾覆力矩设计值,可按下式计算:

$$M_r = 0.8G_r(l_2 - x_0) \tag{5.13}$$

式中　G_r——挑梁的抗倾覆荷载,为挑梁尾端上部45°扩展角的阴影范围(其水平长度为 l_3)内本层的砌体与楼面恒荷载标准值之和(图5.15);当上部楼层无挑梁时,抗倾覆荷载中可计及上部楼层的楼面永久荷载;

l_2——G_r 作用点至墙外边缘的距离。

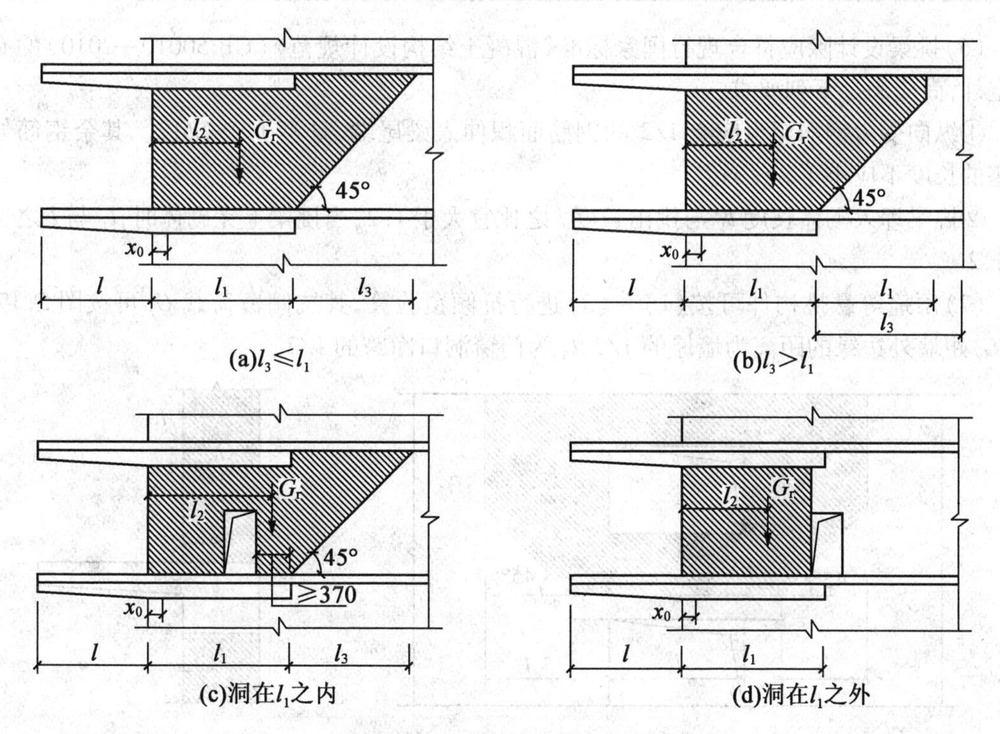

图5.15　挑梁的抗倾覆荷载

(4)挑梁下砌体的局部受压承载力,可按下式验算(图5.16):

$$N_l \leqslant \eta\gamma f A_l \tag{5.14}$$

式中　N_l——挑梁下的支撑压力,可取$N_l = 2R$,R为挑梁的倾覆荷载设计值;

η——梁端底面压应力图形的完整系数,可取0.7;

γ——砌体局部抗压强度提高系数,对图5.16(a)可取1.25;对图5.16(b)可取1.5;

A_l——挑梁下砌体局部受压面积,可取$A_l = 1.2bh_b$,b为挑梁的截面宽度,h_b为挑梁的截面高度。

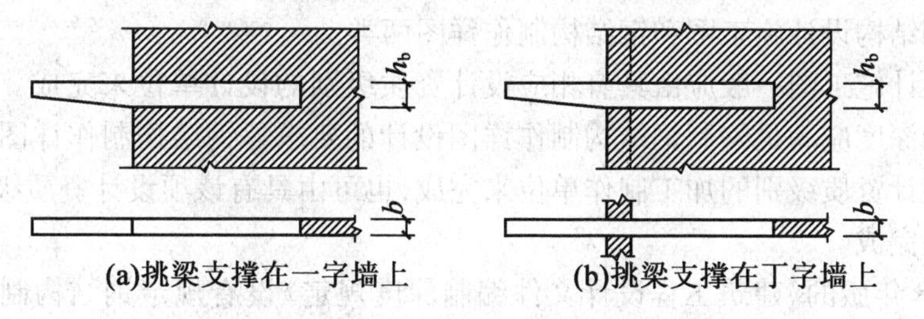

图5.16　挑梁下砌体局部受压

(5)挑梁的最大弯矩设计值M_{max}与最大剪力设计值V_{max},可按下列公式计算:

$$M_{max} = M_0 \tag{5.15}$$

$$V_{max} = V_0 \tag{5.16}$$

式中　M_0——挑梁的荷载设计值对计算倾覆点截面产生的弯矩;

V_0——挑梁的荷载设计值在挑梁墙外边缘处截面产生的剪力。

(6)挑梁设计除应符合现行国家标准《混凝土结构设计规范》(GB 50010—2010)的有关规定外,尚应满足下列要求:

①纵向受力钢筋至少应有1/2的钢筋面积伸入梁尾端,且不少于2ϕ12。其余钢筋伸入支座的长度不应小于$2l_1/3$;

②挑梁埋入砌体长度l_1与挑出长度l之比宜大于1.2;当挑梁上无砌体时,l_1与l之比宜大于2。

(7)雨篷等悬挑构件可按(1)~(3)进行抗倾覆验算,其抗倾覆荷载G_r可按图5.17采用,G_r距墙外边缘的距离为墙厚的1/2,l_3为门窗洞口净跨的1/2。

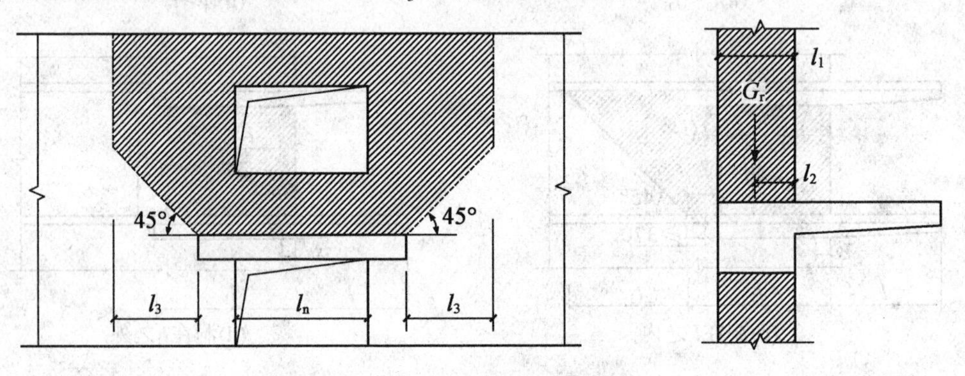

图5.17　雨篷的抗倾覆荷载

G_r—抗倾覆荷载;l_1—墙厚;l_2—G_r距墙外边缘的距离

5.4 钢结构

5.4.1 钢结构设计施工图与钢结构制作详图有什么区别

根据住房和城乡建设部《建筑工程设计文件编制深度规定》(2008年版)的要求,钢结构设计图分为钢结构设计施工图和钢结构制作详图两类。

钢结构设计施工图一般应由具有相应设计资质级别的设计单位来完成。钢结构设计施工图的内容和深度应满足编制钢结构制作详图设计的要求。钢结构制作详图一般应由具有钢结构专项设计资质级别的加工制作单位来完成,也可由具有该项设计资质级别的设计单位或其他单位来完成。

由于2008年版的《建筑工程设计文件编制深度规定》设有规定钢结构制作详图的深度要求,所以施工图审查时,只对钢结构设计施工图进行审查。钢结构设计施工图的深度还宜满足国家标准图《钢结构设计制图深度和表示方法》03G102的要求。当报审图纸为设计施工图与制作详图合为一体的设计图时,原则上也只对其中属于设计施工图的内容进行审查。

住房和城乡建设部《建设工程设计文件编制深度规定》(2008年版)又规定,若设计合同未指明要求设计钢结构制作详图时,则钢结构工程设计内容可仅为钢结构设计施工图,不包括钢结构制作详图。

(1)钢结构设计施工图一般应包括的内容有:图纸目录、设计总说明、基础平面图及详图

(包括钢柱和柱脚锚栓布置图及钢柱与混凝土基础的连接构造图)、结构平、立、剖面图、构件布置图、构件图与节点构造详图等。

钢结构设计施工图还应包括结构整体分析计算后的构件内力表及钢材和高强度螺栓等的用量估算表。

(2)钢结构设计施工图是钢结构制作详图的依据。钢结构制作详图应结合加工条件和材料供应情况,按照便于加工制作的原则,对结构构件及其连接和构造予以完善和细化;应根据构件的受力特点和规范的规定,按照钢结构设计施工图提供的内力,进行焊缝及螺栓连接的设计计算,并考虑运输和安装条件对大型构件进行分段。

钢结构制作详图一般应包括的内容有:图纸目录、制作详图总说明、锚栓布置图、结构布置图(包括构件编号和构件表等)、安装节点详图和构件详图(包括零件编号、构件及板件大样图、构件材料表等)。

5.4.2　如何设置横向加劲板

非加劲直接焊接方式不能满足承载力要求时,可按下列规定在主管内设置横向加劲板:

(1)支管以承受轴力为主时,可在主管内设1道或2道加劲板如图5.18(a)、(b)所示;节点需满足抗弯连接要求时,应设2道加劲板;加劲板中面宜垂直主管轴线,设置1道加劲板时,加劲板位置宜在支管与主管相贯面的鞍点处,设置2道加劲板时,加劲板宜设置在距相贯面冠点$0.1d_1$附近如图5.18(b)所示,d_1为支管外径;主管为方管时,加劲肋宜设置2块如图5.19所示。

(2)加劲板厚度不得小于支管壁厚,也不宜小于主管壁厚的2/3和主管内径的1/40;加劲板中央开孔时,环板宽度与板厚的比值不宜大于$15\varepsilon_k$,ε_k为钢号修正系数。

(3)加劲板宜采用部分熔透焊缝焊接,主管为方管的加劲板靠支管一边与两侧边宜采用部分熔透焊接,与支管连接反向一边可不焊接。

(4)当主管直径较小,加劲板的焊接必须断开主管钢管时,主管的拼接焊缝宜设置在距支管相贯焊缝最外侧冠点80 mm以外处如图5.18(c)所示。

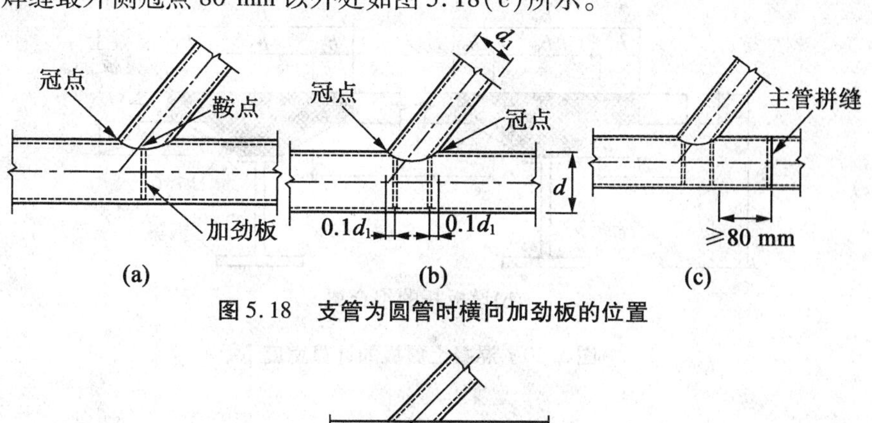

图5.18　支管为圆管时横向加劲板的位置

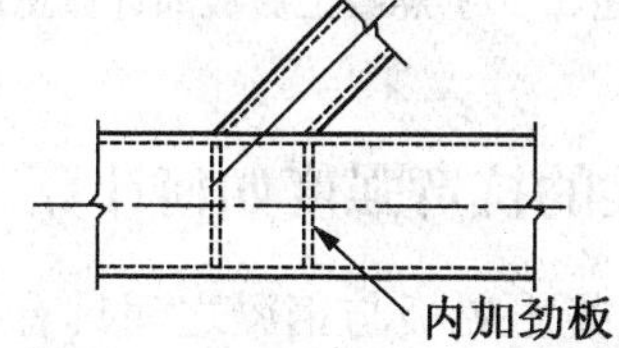

图5.19　支管为方管或矩形管时内加劲板的位置

5.4.3　混凝土翼板的有效宽度如何设计

计算组合梁时，将其截面视为T形截面，上部受压翼缘为混凝土板的一部分甚至全部。由于剪力滞后的影响，混凝土翼板内的压应力分布沿宽度方向是不均匀的，所谓计算宽度实质上是指以应力均匀分布为前提的当量宽度。《钢结构设计规范》(GB 50017—201×)第14.1.2条规定：

在进行组合梁截面承载能力验算时，跨中及中间支座处混凝土翼板的有效宽度 b_e（图5.20）应按下式计算：

$$b_e = b_0 + b_1 + b_2 \tag{5.17}$$

式中　b_0——板托顶部的宽度；当板托倾角 $\alpha < 45°$ 时，应按计算 $\alpha = 45°$；当无板托时，则取钢梁上翼缘的宽度；当混凝土板和钢梁不直接接触（如之间有压型钢板分隔）时，取栓钉的横向间距，仅有一列栓钉时取0；

b_1、b_2——梁外侧和内侧的翼板计算宽度，各取梁等效跨径 l_e 的1/8。此外，b_1 尚不应超过翼板实际外伸宽度 S_1；b_2 不应超过相邻钢梁上翼缘或板托间净跨 S_0 的1/2；

l_e——等效跨径。对于简支组合梁，取为简支组合梁的跨度 l。对于连续组合梁，中间跨正弯矩区取为 $0.6l$，边跨正弯矩区取为 $0.8l$，支座负弯矩区取为相邻两跨跨度之和的0.2倍。

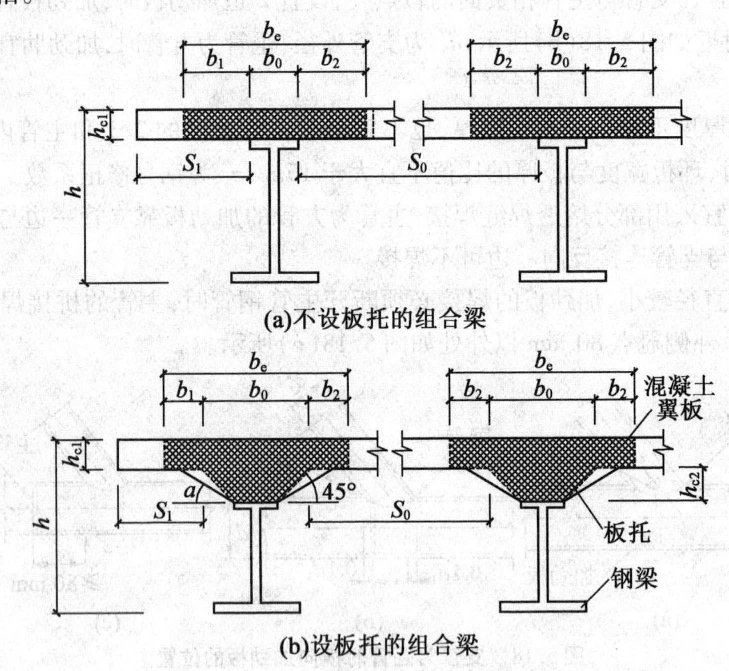

图5.20　混凝土翼板的计算宽度

5.4.4　完全抗剪连接组合梁的抗弯强度如何计算

完全抗剪连接组合梁是指混凝土翼板与钢梁之间具有可靠的连接，抗剪连接件按计算需要配置，以充分发挥组合梁截面的抗弯能力。《钢结构设计规范》(GB 50017—201×)第

14.2.1条规定：

完全抗剪连接组合梁的抗弯强度应按下列规定计算：

1. 正弯矩作用区段

（1）塑性中和轴在混凝土翼板内如图5.21所示，即 $Af \leqslant b_e h_{c1} f_c$ 时：

$$M \leqslant b_e x f_c y \tag{5.18}$$

$$x = Af/(b_e f_c) \tag{5.19}$$

式中　M——正弯矩设计值；

A——钢梁的截面面积；

x——混凝土翼板受压区高度；

y——钢梁截面应力的合力至混凝土受压区截面应力的合力间的距离；

f_c——混凝土抗压强度设计值。

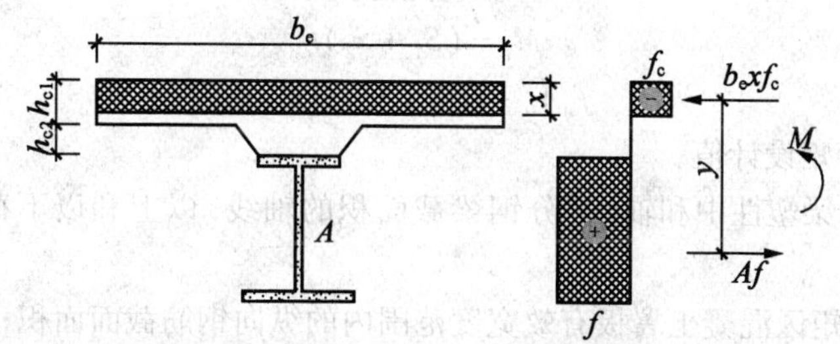

图5.21　塑性中和轴在混凝土翼板内时的组合梁截面及应力图形

（2）塑性中和轴在钢梁截面内如图5.22所示，即 $Af > b_e h_{c1} f_c$ 时：

$$M \leqslant b_e h_{c1} f_c y_1 + A_c f y_2 \tag{5.20}$$

$$A_c = 0.5(A - b_e h_{c1} f_c / f) \tag{5.21}$$

式中　A_c——钢梁受压区截面面积；

y_1——钢梁受拉区截面形心至混凝土翼板受压区截面形心的距离；

y_2——钢梁受拉区截面形心至钢梁受压区截面形心的距离。

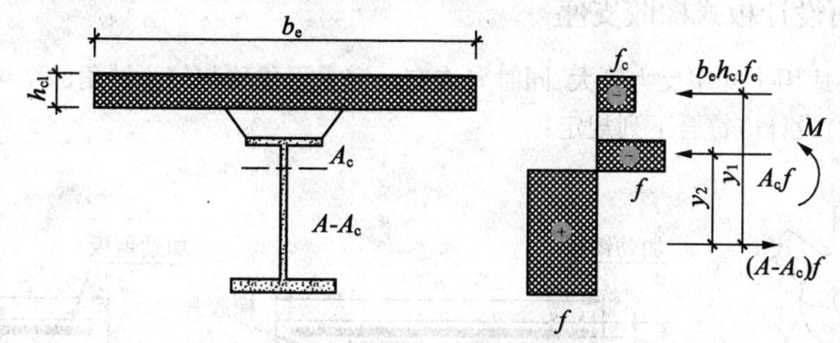

图5.22　塑性中和轴在钢梁内时的组合梁截面及应力图形

2. 负弯矩作用区段(图 5.23)

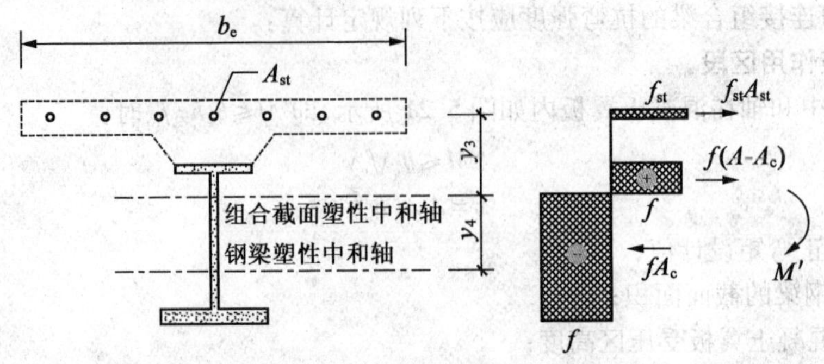

图 5.23 负弯矩作用时组合梁截面及应力图形

$$M' \leqslant M_s + A_{st}f_{st}(y_3 + y_4/2) \tag{5.22}$$

$$M_s = (S_1 + S_2)f \tag{5.23}$$

$$f_{st}A_{st} + f(A - A_c) = fA_c \tag{5.24}$$

式中 M'——负弯矩设计值;

S_1、S_2——钢梁塑性中和轴(平分钢梁截面积的轴线)以上和以下截面对该轴的面积矩;

A_{st}——负弯矩区混凝土翼板有效宽度范围内的纵向钢筋截面面积;

f_{st}——钢筋抗拉强度设计值;

y_3——纵向钢筋截面形心至组合梁塑性中和轴的距离,根据截面轴力平衡式(5.24)求出钢梁受压区面积 A_c,取钢梁拉压区交界处位置为组合梁塑性中和轴位置;

y_4——组合梁塑性中和轴至钢梁塑性中和轴的距离。当组合梁塑性中和轴在钢梁腹板内时,取 $y_4 = A_{st}f_{st}/(2t_wf)$;当该中和轴在钢梁翼缘内时,可取 y_4 等于钢梁塑性中和轴至腹板上边缘的距离。

5.4.5 如何设计板式橡胶支座

橡胶支座适用于支座反力较大、同时允许有一定水平位移与较小转角的结构。板式橡胶支座(图 5.24)设计应符合下列规定:

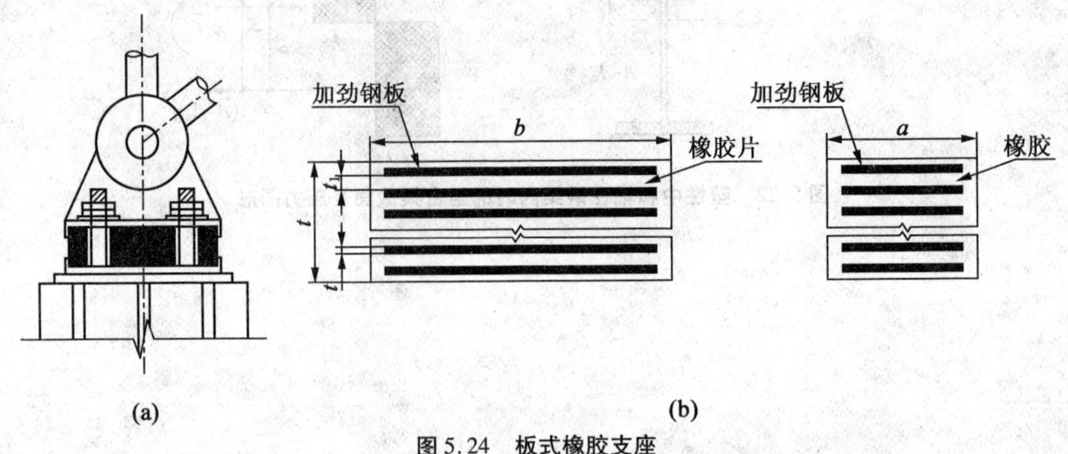

图 5.24 板式橡胶支座

(1)板式橡胶支座的底面面积,可根据承压条件确定。

(2)橡胶层总厚度应根据橡胶剪切变形条件确定。

(3)在水平力作用下,板式橡胶支座应满足稳定性和抗滑移要求。

(4)支座锚栓按构造设置时数量宜为 2 ~4 个,直径不小于 20 mm。对于受拉锚栓,其直径应按计算确定,并应设置双螺母防止松动。

(5)板式橡胶支座应采取防老化措施,并应考虑长期使用后因橡胶老化进行更换的可能性。

(6)板式橡胶支座与基座钢板间宜采用强力胶结剂黏结固定,必要时可增设限位措施。

参考文献

[1]中华人民共和国住房和城乡建设部. 砌体结构设计规范(GB 50003—2011)[S]. 北京:中国建筑工业出版社,2011.

[2]中华人民共和国住房和城乡建设部. 建筑地基基础设计规范(GB 50007—2011)[S]. 北京:中国计划出版社,2012.

[3]中华人民共和国住房和城乡建设部. 建筑结构荷载规范(GB 50009—2012)[S]. 北京:中国建筑工业出版社,2012.

[4]中华人民共和国住房和城乡建设部. 混凝土结构设计规范(GB 50010—2010)[S]. 北京:中国建筑工业出版社,2011.

[5]中华人民共和国住房和城乡建设部. 建筑抗震设计规范(GB 50011—2010)[S]. 北京:中国建筑工业出版社,2010.

[6]中华人民共和国住房和城乡建设部. 高层建筑混凝土结构技术规程(JGJ 3—2010)[S]. 北京:中国建筑工业出版社,2010.

[7]中华人民共和国住房和城乡建设部. 高层建筑筏形与箱形基础技术规范(JGJ 6—2011)[S]. 北京:中国建筑工业出版社,2011.

[8]中华人民共和国住房和城乡建设部. 建筑地基处理技术规范(JGJ 79—2012)[S]. 北京:中国建筑工业出版社,2013.

[9]中华人民共和国建设部. 建筑钢结构焊接技术规程(JGJ 81—2002)[S]. 北京:中国建筑工业出版社,2002.

[10]中华人民共和国建设部. 建筑桩基技术规范(JGJ 94—2008)[S]. 北京:中国建筑工业出版社,2008.

[11]中华人民共和国建设部. 高层民用建筑钢结构技术规程(JGJ 99—1998)[S]. 北京:中国建筑工业出版社,1998.

[12]中华人民共和国住房和城乡建设部. 建筑基坑支护技术规程(JGJ 120—2012)[S]. 北京:中国建筑工业出版社,2012.